Helmut Veil

Landwirtschaft und Morgenröte der Chemie um 1800

Helmut Veil

Landwirtschaft und Morgenröte der Chemie um 1800

Der denkende Landwirt und seine Wissenschaftler

Humanities
Online

Bibliografische Information der Deutschen Nationalbibliothek
Die Deutsche Nationalbibliothek verzeichnet diese Publikation in der Deutschen Nationalbibliografie; detaillierte bibliografische Daten sind im Internet über http://dnb.ddb.de abrufbar.

Frankfurt am Main, Germany
www.humanities-online.de
info@humanities-online.de

ISBN 978-3-941743-40-3

Umschlaggestaltung: Uwe Adam | grafik-design

Titelbild:
Franz Reinhardt, Pflügender Bauer in Märzenlandschaft. Öl auf Leinwand. 34 x 47 cm.
Auktionshaus Mehlis. Katalog Nr. 4497. Februar 2024

Printed in Germany

Dieses Buch ist auch als E-Book (PDF) erhältlich:
https://humanities.verlags-shop.de/

Inhalt

Einleitung
Der denkende Landwirt

Viehfutter vom Acker statt Gras von der Wiese. Das war einer von vielen Vorschlägen des Landwirtschaftsreformers Albrecht Thaer zu Beginn des 19. Jahrhunderts, mit denen er „die Landwirthschaft höher treiben" wollte, mit höherem Ertrag und mit höherer Qualität. Er hat sich viel vorgenommen.

Landwirtschaft ist ein sehr anspruchsvolles Handwerk, wenn es mit wissenschaftlichem Hintergrund betrieben werden soll. Es braucht Kenntnisse von Botanik, Zoologie, Chemie, Physik, Tiermedizin, Meteorologie, von Mechanik und Betriebswirtschaft. Der Schalter kann nicht mit jeder neuen Einsicht wie im Labor einfach umgelegt werden, weil das praktische Handeln gegen eingefahrene und vor Ort bewährte Gewohnheiten geändert werden und das neue Wissen sich in Investitionen niederschlagen muss, die betriebliche Existenzen gefährden können.

Wie jedes Handwerk ist Landwirtschaft eine praktische Tätigkeit, bei der ein Wissen über den Zusammenhang von Handeln und Wirkung entsteht. Diese Zusammenhänge kannte der Bauer schon immer. Sie wiederholten sich so häufig, dass sich sein Verhalten der Tradition der Väter unterwerfen konnte und, weil diese Traditionen im Recht oder im Gewohnheitsrecht fixiert waren, auch unterwerfen musste. Sinn oder nicht selten Unsinn dieser Traditionen wurden nicht mehr hinterfragt, selbst wenn sich die rechtlichen und natürlichen Rahmenbedingungen änderten und die Tradition den Boden ausgelaugt hatte. Als die Französische Revolution die Totenglocke des Feudalismus einläutete, wurden viele dieser althergebrachten Blockaden sichtbar. Albrecht Thaer hat sie gesehen und unter ihnen gelitten. Er wollte die Blockaden brechen und die Landwirtschaft zu einer Erfahrungswissenschaft machen, in der sich die Praxis von kontrollierten Versuchen und den neuen Erkenntnissen aus der Chemie leiten ließ.

Jeder Landwirt theoretisiere über den Dünger. Der sei in einigen Gegenden sogar der zweite Herrgott, schrieb er 1801 in seinem Buch über die Fortschritte der englischen Landwirtschaft „für denkende Landwirthe und Cameralisten“. Das Problem: Der gemeine Bauer hatte keine Ahnung, woraus der Mist seine göttliche Kraft schöpft. Der aufgeklärte Landwirt spreche von Ölen und Salzen des Düngers, obwohl es erwiesen sei, dass tierischer Dünger weder Öl noch Fett und nur ganz wenig Salz enthalte. Mit anderen Worten: Der Bauer wusste eigentlich nicht, was er mit seinem Dünger anrichtete, er sah nur die bessere Ernte. Er warf ihn auf einen Boden, von dem er auch keine klare Vorstellung hatte. „Die Sprache der Landwirthe vom Boden ist das verworrenste Geschwätz, was es in irgendeiner Kunst noch gibt; und nichts kann unbestimmter seyn, als die Art wie die Ausdrücke von *heissen, kalten, sauern, süßen, salpetrigen, leichte, schweren* u.s.f. Boden gewöhnlich gebraucht werden“, stellte Thaer entrüstet fest. Wenn Sprache die Heimat der Gedanken ist, dann waren die Gedanken der Bauern bei der Beurteilung des Bodens von Tasten, Riechen und Schmecken geprägt, aber nicht vom Verständnis seiner Zusammensetzung.

Die Geschwätzigkeit der Bauern war Ausdruck mangelnden Wissens, die Geschwätzigkeit von Ökonomen Ausdruck praktischer Ignoranz. Ökonomen verwechselten das Kratzen ihrer Feder auf dem Papier mit einer Pflugschar im Acker und hätten keine Ahnung von kontrollierten Versuchen, „wobey man fast nichts dem Zufall überläßt und der Natur die Antwort auf eine vorgelegte Frage abzwingt“. Weil Aufwand und Ertrag der empfohlenen Maßnahmen nicht korrekt berechnet würden, blieben kluge Bauern bei ihren alten, vertrauten Methoden. Thaer hat großen Wert auf betriebswirtschaftlich sinnvolles Handeln gelegt.

Das war die Lage. Thaer will sie ändern und räsoniert über eine Landwirtschaft, in der sich Praxis und Wissenschaft fruchtbar in einer Erfahrungswissenschaft verbinden. Thaer war Arzt und hat sich sein agrarisches Wissen auf eigenem Acker bei Celle erarbeitet. Er sieht den eigentlichen Grund der Widerspenstigkeit und Ignoranz der Bauern in den Zwängen feudaler Abhängigkeiten und den Jahrhunderte alten Traditionen des Flurzwangs. Ein Bauer ist nicht frei in seiner Entscheidung, wie er sein Feld bestellt. Als Pächter vermeidet er eine Erhöhung des Ernteertrags, weil sie mit einer Erhöhung der Pacht verbunden sein kann, als Hintersasse eines Grundherrn weiß er, dass dem Grundherrn immer dann, wenn er selbst ernten will, Gespanne und Arbeitskraft gehören, als Beteiligter an der Dreifelderwirtschaft kann er sich der gemeinsam genutzten Brache, die auf lange Sicht den Boden verarmen lässt, nicht entziehen.

Welche Konsequenzen für Bodenfruchtbarkeit, Düngepraxis und Viehhaltung solche Abhängigkeiten zur Folge haben, hat Johann Nepomuk Schwerz, der spätere Gründungsdirektor der Landwirtschaftlichen Schule Hohenheim, in Westfalen beobachtet. Er sah auch die verhängnisvollen Auswirkungen der napoleonischen Kriege und die Rechtsstreitereien als Folge der im Königreich Westphalen dekretierten Bauernbefreiung nach französischem Muster. Ein befreiter Bauer, der mit seinem alten Grundherrn vor Gericht über die Bedingungen seiner Ablöse streiten muss, hat keinen Kopf für Veränderungen seiner Anbaumethoden. Er muss sehen, dass er nicht über den Tisch gezogen wird. Unter diesen Umständen war der gemeine Bauer nicht der geeignete Ansprechpartner, und Thaer konzentrierte seine Bemühungen auf den aufgeklärten Teil der großen Grundbesitzer, der anders als der abhängig wirtschaftende Bauer, an einer Erhöhung der Erträge zu interessieren war und Veränderungen auch materiell schultern konnte.

Die Probleme der Wissenschaft vom Pflanzenwachstum waren nicht geringer als die Probleme der landwirtschaftlichen Praxis, die Thaer zu einer angewandten Wissenschaft zusammenschweißen wollte. Obwohl der für seine Pockenimpfungen berühmte niederländische Arzt Jan Ingenhousz bereits 1780 die Fotosynthese entdeckt und bewiesen hatte, dass die Hauptmasse des für das Pflanzenwachstum wichtigen Kohlenstoffs aus der Luft stammt, blieben einflussreiche Wissenschaftler wie der französische Revolutionär und Naturwissenschaftler Jean-Henri Hassenfratz bei der Behauptung, dass durch die Pflanze alle Nährstoffe, also auch der Kohlenstoff, aus gelösten Stoffen im Boden aufgenommen werden. Die später so genannte Humustheorie hatte unter den Praktikern ein leichtes Spiel, entsprach sie doch der alltäglichen Erfahrung der Bauern mit der Abhängigkeit des Ernteerfolgs von Boden, Dünger und Wasser. Diese konnten sie beeinflussen, Sonne und Wärme nicht.

Die beiden Pole der Wissenschaft waren Ingenhousz und Hassenfratz. Die Auswirkungen ihrer Positionen auf die Praxis des Ackerbaus waren zunächst gering und mutierten zu Glaubensfragen im luftleeren Raum. Die Anhänger der Humustheorie machten sich nicht die Mühe, das dürftige experimentelle Ergebnis von Hassenfratz zu überprüfen. Auswirkungen zeigten sich noch am ehesten bei der Frage, ob man Holzkohlenstaub als Dünger verwenden kann, der in Wasser gelöst von den Wurzeln aufgenommen werden sollte, und bei der Frage, ob der Kohlenstoff im Mist in reiner Form oder als Kohlensäure aufgenommen wird. Es war noch viel Grundlagenforschung zu leisten, denn kein Wissenschaftler konnte sagen, wie die Pflanze den Kohlenstoff weiter zu Zuckern und Fetten oder gar Eiweißen verarbeitet. Grobe Methoden wie eine Analyse der Pflanzenbestandteile aus ihrer Asche führten nicht weiter. Keiner konnte sagen, wie Pflanzen mit Salzen und Säuren umgehen, und nur einer von ihnen wusste, auf welchem Weg sie Stickstoff aufnehmen.

Wenn eine gedankenlos eingefahrene Praxis mit einer umstrittenen und unausgereiften Theorie zusammengeschweißt werden soll, gibt es kaum zu entscheidende Probleme mit der Interpretation und der Einordnung von Beobachtungen. Die Positionen von wissenschaftlichen Schwergewichten wie die von Erasmus Darwin, Humphry Davy und Nicolas Théodore de Saussure waren nicht unter einen Hut zu bringen. Thaer hat sich grundsätzlich für Hassenfratz entschieden, sich aber aus dem Streit um die Humustheorie weitgehend herausgehalten und nur die für seine Praxis wichtigen chemischen Ergebnisse von Bodenanalysen und Mist auf seinen Versuchsfeldern berücksichtigt. Er war mit seiner naturwissenschaftlichen Bildung ein experimentierender Landwirt und ein Pädagoge, der mit dem Aufräumen unter dem bäuerlichen Alltagsgeschwätz erst die Voraussetzung für eine Verständigung auf rationaler Basis geschaffen hat.

Noch gab es kein allgemein akzeptiertes methodisches Vorgehen bei der Analyse von Erden, Wasser und Luft, was beim Vergleich von Ingenhousz und Hassenfratz deutlich werden wird. Es gab die neue Nomenklatur von Lavoisier, in der der Sauerstoff fälschlicherweise die Säureeigenschaft bestimmt, und es gab in ihr einen Wärmestoff, den keiner jemals nachgewiesen hatte. Die gefeierte neue Chemie war noch nicht so weit, alle diese Fragen auch nur ansatzweise zu klären. Thaers Feldversuche hatten den Vorteil, trotz solcher Unsicherheiten zu praktisch verwertbaren Ergebnissen zu kommen, die den Bauern als nachzuahmende Beispiele präsentiert werden konnten. Zu einer Erfahrungswissenschaft auf einer einigermaßen gesicherten theoretischen Grundlage, wie sie Thaer vorschwebte, war noch ein weiter Weg.

Mit zwei Schwerpunkten werde ich mich dem Anspruch Thaers nähern, aus der Landwirtschaft eine Erfahrungswissenschaft zu machen. Mit Thaers Auffassungen von Dünger und Bodenverbesserung und mit Schwerz' Beschreibung einiger Aspekte der Abhängigkeit der Bodennutzung von den Besitzverhältnissen in Westfalen zur Zeit der napoleonischen Kriege. Wissenschaftlich mit den experimentellen Ergebnissen von Ingenhousz und Hassenfratz. In Thaers Erfahrungswissenschaft liefen Praxis und Wissenschaft nicht aufeinander zu, sondern aneinander vorbei.

Bemüht man den Vergleich mit Tieren, wie es die Zeitgenossen Thaers zur Verschleierung ihrer mangelnden Kenntnisse häufig machten, dann wussten sie nicht mit Sicherheit, ob der Mund der Pflanzen in den Wurzeln oder in den Blättern aufzusuchen ist, sie wussten nicht, wo die Ausscheidungs- und die Verdauungsorgane der Pflanzen liegen, ja sie wussten nicht einmal, welche Nährstoffe für das Wachstum erforderlich sind und ob das Wasser nicht nur Transport- sondern auch Lösungsmittel für ihre Nahrung ist. Erst mit weiteren Fortschritten von Chemie und Physiologie, von Carl Sprengels Mineralstofftheorie, war auch die Landwirtschaft, wie andere Gewerke längst vor ihr, zur Erfahrungswissenschaft geworden.

Carl Sprengel war Thaers Schüler und zeitweise sein jugendlicher Mitarbeiter in Celle. Sein Leben als Praktiker in landwirtschaftlichen Großbetrieben, als Wissenschaftler an Universitäten und als Leiter einer landwirtschaftlichen Versuchsanstalt liest sich wie das Drehbuch zu einer gelungenen Allianz von landwirtschaftlicher Praxis mit einer Chemie von Dünger und Boden, zur methodischen Vereinigung von beiden in einer Erfahrungswissenschaft. Sprengels wissenschaftliche Veröffentlichungen sind eine Chronik der Widerstände, die Bauern aus Unwissenheit und traditioneller Sturheit gegen wissenschaftliche Einsichten mobilisieren können, und sie sind eine Chronik der Kämpfe gegen die Inkompetenz von Wissenschaftlern, die den Bauern untaugliche oder schädliche Maßnahmen empfehlen. Sein Wunsch, die Ergebnisse seiner chemischen Analysen auf großen Versuchsfeldern den Bauern und seinen Studenten zu demonstrieren, wurde in Braunschweig ausgebremst, bis er sie schließlich in fortgeschrittenem Alter im preußischen Pommern verwirklichen konnte. Sprengels Leistung, die sich in heute noch informativen Handbüchern und zahlreichen Artikeln in landwirtschaftlichen Zeitschriften niederschlug, wurde über 100 Jahre lang durch die mediale Omnipräsenz Liebigs aus der Geschichte verdrängt.

Die Geschichte der Bauern ist ein einziges Klagelied von Unrecht und Leid. Sie waren die Begleiter einer von Naturbilden und herrschaftlicher Willkür abhängigen Existenz. An die Scholle fesselt, von einem Grundherrn zu anderen nach unsicherem Belieben verschoben, hatten sie nie die Möglichkeit, mit ihren Erfahrungen Maßnahmen zur Erhöhung der Erträge zu verwirklichen. Das jedoch ist nicht die ganze Wahrheit. Bauern waren immer auch Täter, die der Natur zu Leibe rückten. Am Anfang mit Feuer, Hacke und Pflug, Jahrtausende lang wiederholt und auf immer größere Flächen ausgeweitet. Bauern sind keine Unschuldslämmer, wenn sie sich die Erde untertan machen, und schon gar nicht bloße Opfer. Wie sie wirtschaften und wie sie die Ernte einbringen, wie sie den Boden mechanisch und mit Dünger traktieren, hat Einfluss auf den Ertrag, auf Wasser und Wetter und, wie wir jetzt alle spüren, aufs Klima. Der Bauer ist nicht einfach schuldig, wenn auch häufig Schuldner, aber er ist verantwortlich für das, was er tut. Verantwortungslosigkeit kann ihn selber treffen und seine Wirtschaftsgrundlage zerstören. Je größer sein Wissen um die Auswirkungen seines Tuns auf die Beschaffenheit des Bodens, auf Fauna und Flora, auf die Qualität seiner Produkte, desto größer seine Verantwortung über die Grenzen seines Hofes hinaus.

Die Verantwortung für das eigene Tun ist nicht neu. Schon der in feudaler Abhängigkeit wirtschaftende Bauer konnte die Schäden durch Fortführung der Brache erkennen. Sich vom feudalen Zwang und von bleischwerer Tradition befreien, um diese Praxis zu ändern, das konnte er nicht. Landwirtschaft, betrieben als Erfahrungswissenschaft, wurde erst nach Beseitigung dieser gesellschaftlichen Blockaden wirksam.

Flurzwang und Fron am Beispiel Westfalens: Thaer und Schwerz

Anfang des 19. Jahrhunderts war die Landwirtschaft in Deutschland durch Tradition und vielfältige feudale Zwänge gefesselt. Einer der ersten, die sich nach dem Vorbild der Reformen in England nicht mehr mit den desolaten Verhältnissen und der teilweise prekären Versorgungslage angesichts steigender Bevölkerungszahlen abfinden wollten, war Albrecht Thaer (1752–1828).

Abbildung 1: Albrecht Thaer. 1803. Kopie nach Johann Jacob de Lose. Original im Dekanatssaal der Landwirtschaftlichen Fakultät der Humboldt-Universität Berlin. Wikimedia commons.

Als Arzt in Celle hatte er sich nebenher mit Landwirtschaft beschäftigt und zahlreiche Feldversuche mit Fruchtfolgen und Dünger angestellt. Er war zum Leibarzt von Georg III., Kurfürst von Braunschweig-Lüneburg und König von Großbritannien und Irland, ernannt worden, obwohl Thaer niemals in England und Georg III. niemals in seinem Kurfürstentum aufgetaucht war. Der Ehrentitel war wohl eher seinem landwirtschaftlichen Engagement geschuldet, denn Georg III. war ein großer Förderer der Landwirtschaft, was ihm den Spitznamen Farmer Georg eingetragen hatte. Thaer verlegte 1804 sein landwirtschaftliches Institut von Celle nach Preußen in das Rittergut Möglin in der Mark Brandenburg. Mit seinen Schriften, seinem Lehrinstitut und seiner öffentlichen Funktion als Staatsrat im preußischen Innenministerium und schließlich als Professor an der Universität Berlin trommelte er unermüdlich für eine rationale Landwirtschaft, sorgte für eine wissenschaftlich fundierte Ausbildung seiner Schüler und ermunterte sie zu Studienreisen.

Auf seine Empfehlung gelangte der Agrarwissenschaftler Johann Nepomuk Schwerz (1759–1844) 1816 als Regierungsrat nach Münster im jetzt preußischen Westfalen. Er hatte sich mit der Veröffentlichung eines Werkes über die belgische Landwirtschaft einen Namen gemacht und wird 1818 im Auftrag des Königs von Württemberg die landwirtschaftliche Lehranstalt von Hohenheim gründen.

Abbildung 2: Johann Nepomuk Schwerz. Lithografie von Wagner und Gottfried Küstner. Vor 1840. Stadtarchiv Stuttgart. Wikimedia commons.

Schwerz wird umgehend während einer Studienreise die Defizite der Landwirtschaft Westfalens und des Rheinlandes analysieren und einzelne Ergebnisse in Thaers *Annalen des Ackerbaus* und zusammenhängend erst 1836 veröffentlichen.[1] Es wurde eine mit erhellenden Details gespickte Beschreibung der Abhängigkeiten des Bauern von gesellschaftlichen, natürlichen und traditionellen Vorgaben, die ihn zu irrationalem bis hin zu selbstschädigendem Verhalten verleiten oder zwingen, wie zum Beispiel die verwirrenden Pachtverhältnisse, und unter ihnen die besonders schlimmen „Zeitpachten". Der eigentliche Skandal mit zerstörerischen Wirkungen auf die Bodenfruchtbarkeit und das Verhalten der Bauern beginnt laut Schwerz nach Kündigung der Pachtverträge in einer Übergangszeit, in der der gekündigte Pächter noch weiter tätig sein darf:

„Die Pachtfrist von sechs, höchstens von 12 Jahren ... Bei dem Mangel an gesetzlichen Bestimmungen hat sich bei dem Abzuge der Pächter in einigen Gegenden ein Gewohnheitsrecht gebildet, das eine Erwähnung verdient. Es ist dieses das sogenannte Mistrecht, nach welchem der Abzieher (der gekündigte Pächter) die Aecker noch zwei bis drei Jahre nach seinem Abzuge befructuiren und sogar dieses Recht an andere verkaufen kann. Die vorgeschriebene Fruchtfolge in solchen Gegenden ist 1) gedüngter Roggen, 2) magerer Roggen, 3) ungedüngter Buchweizen. Tritt der Pächter Ende Februars ab, so gebührt ihm in demselben Jahre der Genuß der Erndte des gesamten Areals, das heißt des Mistroggens, des Stoppelroggens und des Buchweizens (Stoppelroggen: Der Roggen wurde hoch abgeerntet und die Stoppeln später untergepflügt. H.V.) In dem zweiten Jahre fällt das Land, welches Buchweizen trug„ weg, und er besäet noch die übrigen Drittel, nämlich das Mistroggenfeld mit Stoppelroggen, und das Stoppelroggenfeld mit Buchweizen. Im dritten Jahr endlich bleibt ihm noch ein Drittel, nämlich das Roggenfeld, welches er schon zweimal nach seinem Abzuge abgeerndtet und zum Schlusse mit Buchweizen bestellt. Das Mistrecht erstreckt sich aber nicht alleine auf die Körner, sondern auch auf das Stroh.

Die Lage, in welcher sich unter solchen Umständen der angehende Pächter befindet, läßt sich leicht ermessen. Sie wird aber oft durch das unrechtliche Betragen des Abziehers noch um Vieles vermehrt. So bald nämlich dieser seinem Gutsherrn, oder der Gutsherr ihm aufgekündiget hat, so denkt der Abzieher darauf, so viel Mist als möglich zu machen, damit er nicht allein das gewöhnliche Drittel der Aecker, sondern auch noch ein Theil derer, die Buchweizen tragen sollten, ausdüngen kann, und dadurch sein Benutzungsrecht auch darauf um zwei Jahre zu verlängern. Wie da gedüngt wird, ist leicht zu denken, zumal, das man auf solchem Boden noch bis zu Ende Februars Roggen säen kann. Nebenbei bricht er auch einige Dreischweiden (Brachland) auf, düngt und hat dann das Recht, sie zwei Jahre hintereinander zu benutzen".[2]

Als ob nicht schon genug Schaden angerichtet worden wäre, plünderte der abziehende Pächter auch noch die Gehölze. Der neue Pächter, falls einer aufzutreiben war, begann mit ausgelaugten Böden und fehlendem Dünger.

„Man denke sich, wo möglich, die Lage eines solchen Unglücklichen! Einen Acker, den er unter seinen Augen ausmergeln sieht, einen Theil seiner Viehweiden aufgerissen; kein Dung, kein Stroh, als das der dritten Garbe seines Gutsherrn; im ersten Jahr kein Scheffel Getreide, und im zweiten nur ein Drittel der Erndte, kein Futtervorrath, auf drei – 4 Jahre kein Bund Holz zum Brennen, es bleiben ihm also zu dem schweren Anfange nichts als der Garten, ein Theil kümmerlicher Weide und eine Wiese, im Fall eine bei dem Gute ist. Dafür hat er nun schon in diesen genußleeren Jahren Dienste und Geldpacht an den Herrn zu entrichten, dem Staate die Steuern zu zahlen, Kriegslasten zu tragen, das Inventarium beizuschaffen, und sich und die Seinigen aus eigenen Mitteln zu nähren“.[3]

Als besonders lästiges Grundservitut sieht Schwerz die Vöhden, Es handelt sich um „ein Grundstück, welchem die hergebrachte Verpflichtung anklebt, daß der Eigenthümer es nur 4-6 Jahre beackern darf, und dann dasselbe auf eben so viele Jahre liegen lassen muß, während welcher Zeit das Vieh der Gemeinde oder anderer Berechtigten dasselbe als Weide benutzt ... Eine schlechte Cultur ist unstreitig noch schlimmer als gar keine“.[4] Bei letzterer, dem unberührten Land, blieben die Nähstoffe wenigstens im Boden. Die Vöhdenwirtschaft führte zu einer jahrelangen Brache, die sich durch Beweidung und spontanem Bewuchs wieder regenerieren sollte, die aber auf lange Sicht verödete. „Diese heillose Wirthschaft findet sich nicht auf schlechtem noch auf sandigem Boden, sondern auf gutem Lehm- und Klaiboden (Ton), welches sie also umso sträflicher macht, als die darauf haftende Weide umso sicherer durch den Anbau von Futternkörnern darauf ersetzt werden könnte“. Das mag anfangs, so Schwerz, als es noch Wälder gab, die den Boden über lange Zeit mit Humus anfüllten, noch gut gegangen sein, aber später verarmte er durch diese Art der Brache (Dreische) immer mehr.

Schwerz wertet diese uralten Regeln der Landnutzung an ihrem Beginn als sinnvoll, weil der natürliche Humus und damit die Regenerationsfähigkeit des Bodens über viele Menschenalter erhalten blieb. Sie sei schon in der Germania des Tacitus erwähnt worden als *arva per annos mutant, nam (richtig: et) superest ager: Privat genutzte Felder (arva) wechseln*

Abbildung 3: Plaggendüngung. Niendorp in der Senne. Die Senne ist eine für den Ackerbau unfruchtbare Heidelandschaft auf Sandböden. Bis ins 19. Jahrhundert haben dort die Bauern die Grasnarben einschließlich der Heidekräuter mit einer speziellen Hacke abgelöst, im Stall als Einstreu genutzt und nach Vermischung mit dem Stallmist als Dünger ausgebracht (Ferdinand von Fürstenberg, Johann Georg Rudolphi (Kupferstiche), Monumenta Paderbornensia. 2. Ausgabe, Amsterdam 1672, S. 232.

periodisch (per annos) und übrig bleibt Weideland (ager). Der Wechsel wurde ausgelost, wie das Karl Marx in einem Brief an Friedrich Engels für den Hunsrück beschrieb.[5] In neueren Zeiten, so Schwerz, könne man sich darauf nicht mehr verlassen. Man müsse rechtzeitig düngen, bevor der Boden nur noch Distel und Unkräuter wachsen lasse und niemals wieder eine Grasnarbe entstehe (Abbildung 3).

Trotz allem liege die eigentliche Ursache des Verfalls solcher Böden nicht im Wechsel von Acker und Wiese, wie Schleswig-Holstein beweise. „Sie liegt in der alten Servitut, nach welcher der Eigenthümer des Bodens, nach dem Verlaufe seiner Genußjahre, nicht mehr Herr davon ist, sondern ihn Andern Preis geben muß", und dem dadurch ausgelösten Verhalten des Bauern, der sich „wenig um den Vortheil des Viehes seines Nachbarn bekümmert, nur nimmt und nichts oder sehr wenig wiedergibt, und es der Natur allein überläßt, den Nachtheil gut zu machen, den er angerichtet hat".[6] Extrem belastende Spann- und Handdienste gäben dem Bauern den Rest. Sie wurden meist dann verlangt, wenn er selbst seine Felder zu bewirtschaften hatte. Das war die Lage in Westfalen, als Albrecht Thaer daran ging, den Bauern zum denkenden Landwirt zu machen.

Thaer betrachtet auch den Zehnten in seinem Bericht über die englische Landwirtschaft als Belastung des Fleißes. Er führe zu einer Fehlsteuerung des Wirtschaftens der Bauern, die ihn von einer kapitalintensiven Steigerung des Ertrags („Capital der Bestellung") abhalte: „Ich werde daher gezwungen, das Capital der Bestellung, verhältnismäßig gegen die Größe meines Ackers, so klein wie möglich zu machen, um mich mit meinem Ackerbaue auf eine große Fläche auszubreiten; auf keinem Flecke aber anzustrengen.[7] Bei Schwerz und Thaer spürt man, dass der Bauer ohne volle Verfügungsgewalt über sein Land und dessen Erträge nicht für ein rationales Verhalten in der Bewirtschaftung seines Ackers gewonnen werden kann. So sieht Thaer die Einschließungen (enclosures) in England mit Hecken als sichtbarsten Ausdruck für eine volle Verfügbarkeit des Bauern über den bisher gemeinsam mit anderen genutzten Boden. Außerdem verhinderten sie Austrocknung durch Wind, bei „losem Boden".

Die „aushungernde Dreyfelderwirthschaft" in England, wo selbst Futterkräuter auf der Brache nicht erlaubt sind, nimmt Thaer als Beispiel für die Hartnäckigkeit, mit der sich alte Vorurteile und träge Anhänglichkeit an alte Gewohnheiten erhalten. An manchen Orten wird sie nämlich trotz Einhegung, Thaer nennt sie „Verkoppelung", beibehalten. „Was aber Erstaunen erregt, und den Beweis gibt, daß Vorurtheile und träge Anhänglichkeit an alte Gewohnheiten noch in jedem Lande anzutreffen sind…".[8] Erstaunlich ist eher, dass ihn diese Konstante menschlichen Verhaltens in Erstaunen versetzt. Der Beharrungswillen, alte Gewohnheiten beizubehalten, nimmt bei den meisten Betroffenen zu, wenn grundlegende Änderungen ins Haus stehen.

Schwerz sollte mit seiner pessimistischen Bewertung der westfälischen Landwirtschaft Recht behalten. 1816/17 folgte in ganz Europa ein Hungerwinter, der ganze Landstriche entvölkerte (Vulkanausbruch Tambora/ Indonesien). 1820 war Westfalen nach französischem Intermezzo wieder preußisch geworden, und der preußische König setzte Generalkommissionen ein, die jetzt endlich dem Flickenteppich von Besitzregeln zu Leibe rückten. Der „Flurzwang" der Dreifelderwirtschaft mit der Verpflichtung zu einer mit der Gemeinde oder dem Grundherrn abgesprochenen Fruchtfolge wurde beseitigt, weite Hof-Feld-Entfernungen, fehlende Wege und Gräben durch anschließende Zusammenlegung (Verkopplung) der Flächen behoben. „Insbesondere im Münsterland ermöglichte die „Markenteilung" überhaupt erst eine landwirtschaftliche Nutzung und legte zudem den Grundstein für die immer noch erkennbare münsterländische Parklandschaft: Wallhecken ersetzten damals fehlende Grenzsteine. Vor allem aber: Die landwirtschaftlichen Erträge stiegen, der befürchtete Aufstieg weniger Großgrundbesitzer blieb weitgehend aus", resümiert ein Bericht der Bezirksregierung Münster 200 Jahre später.[9]

Als ein letztes Beispiel für Blockaden auf Grund von Tradition und Verpflichtung soll das althergebrachte Erbrecht dienen, das in Westfalen eine Aufsplitterung des Besitzes verhindert hatte. Der Bruch, der mit den napoleonischen Reformen mit dieser Tradition aufräumte, wird von Schwerz bedauert, denn „getheiltes Gut kömmt nicht auf die vierte Brut".[10] Eine Teilung des Bodens vermehre zwar die Bevölkerung, aber nur, wenn man sie nicht wie Napoleon als „Staatsrevenue" betrachte und 18 Jahre lang jährlich 80 000 für „politische Versuche" verwende. Sie vermehre die Zahl der Konsumenten, aber nicht die der Produzenten. Kleine Parzellen machten nur in der Nähe von Städten Sinn, wo Arbeiter sich wenigstens mit den nötigsten Nahrungsmitteln versorgen könnten und der Ackerbau nur Nebensache sei. Parzellierung sollte in der Nähe von Städten mit ihren Industrien gestattet, sonst aber der große Grundbesitz beibehalten werden. Der Übergang zur Industriegesellschaft war bereits in Gang und brachte das relative Gleichgewicht der ländlichen Nahrungsmittelversorgung zwischen produktiven Bauern und konsumierenden Arbeitern in den Städten gehörig durcheinander.[11] Eine Steigerung der Produktivität der Landwirtschaft war unumgänglich geworden, wenn eine größere Zahl von Essern durch eine geringer werdende Zahl von Produzenten versorgt werden sollte (Abbildung 4, S. 20).

Die napoleonischen Kriege beschleunigten mit der Aushebung von Soldaten, mit Requirierungen und Fouragen den Prozess der Auflösung feudaler Verhältnisse. Die Franzosen unter General Mortier hatten 1803 das britische Hannover unter Georg III. besetzt, Elbe und Weser blockiert, eine unbekannte große Zahl von Pferden requiriert. Die Blockade war nicht sehr effektiv, wie der Osnabrücker Jurist Luwig Heinrich Schelver

Abbildung 4: Westfälischer Bauernhof 1790. Oben ein kleines Haus, die sogenannte „Leibzucht". Dort wurden die Alten untergebracht und versorgt. Peter Florenz Weddigen, Historisch-geographisch-statistische Beschreibung der Grafschaft Ravensberg in Westphalen ..., Leipzig 1790, Band 1, S. 56.

1806 in seiner Geschichte der französischen Besatzung des Kurfürstentums Hannover als Augenzeuge schrieb: „Indeß kamen noch viele Englische Schiffe durch, bald unter neutraler Flagge, bald durch goldenen Regen gedeckt. Ein solcher Regen hat bekanntlich ein großen Einfluß auf alle Waaren-Durchsucher. Insbesondere soll er leicht in Französische Hände schlüpfen".[12] Die Blockade wurde über viele Umwege, auch über die Ems bis nach Frankfurt umgangen. Die Franzosen hatten geglaubt, dass Millionen Einkünfte des Landes wegen der Personalunion des Königreiches Hannovers nach England gingen, aber nichts dergleichen. Das Land war bitterarm und wurde nun zusätzlich von einer 30 000 Mann starken französischen Armee belastet, über Staatsanleihen und „Privatlasten" wurde viel Geld zum Unterhalt der Truppen abgeschöpft, und die Bevölkerung musste die Einquartierungen und häufige Durchmärsche ertragen. Die Bauern hatten Korn und Fourage in die Magazine abzuliefern. Sie mussten sogenannte Reihefuhren leisten. Das waren abwechselnd auferlegte Transporte mit eigenem Gerät und eigenem Zugvieh.

Im nach kurzem preußischen Intermezzo wieder französischem Königreich Westphalen unter Napoleons jüngstem Bruder Jérôme von 1807 bis 1813 erhielt das Land eine Verfassung mit Gewaltenteilung. Die Zünfte wurden 1809 abgeschafft, ebenso die Frondienste der Bauern bis auf die sogenannten Dotationsdomänen, mit deren fortbestehenden feudalen Strukturen Napoleon verdiente Offiziere belohnte. Diese Maßnahme, die das Gleichheitsversprechen der Revolution verletzte, erzeugte auch in den eigenen Reihen einigen Unmut. Abgeschafft wurde die Gerichtsbarkeit der Feudalherrn, die sogenannte „Gerechtigkeit".

Die Abschaffung feudaler Lasten hörte sich für die Bauern grundsätzlich gut an, doch die Umsetzung der nach französischem Muster verfassten Dekrete war für sie ein Desaster, das der Westfälische Bauernverein in einem Sammelband von 1912 beschrieb.[13] Die Länder Westfalens „glichen damals einem Schachbrett, auf dem man die Steine beliebig versetzen und verrücken konnte". Die Folge war eine permanente Rechtsunsicherheit für die Bauern, die sich im Gestrüpp der Zuständigkeiten verhedderten, wenn sie ihre neuen Rechte vor den jetzt unabhängigen Gerichten gegen die sich verbissen wehrenden Gutsbesitzer durchsetzen wollten. Mit dem Wegfall des alten bäuerlichen Erbrechts, das sie an ihre Scholle gefesselt hatte, waren „die Garantien gegen die Mobilisierung des bäuerlichen Grundbesitzes gefallen". Als Thaer eine wissenschaftliche Landwirtschaft propagierte, waren die Bauern demnach aus feudalen Abhängigkeiten und traditioneller Bodennutzung auf das schwankende Terrain ungeklärter Eigentumsverhältnisse, Arbeitsverpflichtungen für die Besatzer und Erbfolgeregelungen geraten. Die seit Jahrhunderten „stabile Erbrechtslage"[14], die den Fortbestand des bäuerlichen Betriebes gesichert und Investitionen über die Generationen hinweg ermöglicht hatte, war erst einmal dahin.

Der Bauer war also nicht frei in seiner Entscheidung, den Boden zu bewirtschaften. Er war es auch nicht mit den dürftigen Kenntnissen, die er über die Wirkung des Düngers und über die Böden besaß. Das zeigte sich schon an seinem Sprachgebrauch, an der Bezeichnung der Merkmale von Boden und Dünger, die nach Thaer an Geschwätzigkeit nicht zu überbieten war und ihre wahre – chemische – Natur völlig verkannte. Wer am Verhalten der Bauern etwas ändern wollte, hatte viele Blockaden zu überwinden. Aber auch die Wissenschaft war sich keineswegs einig in der Beurteilung von Substanzen für das Pflanzenwachstum, weder der Dünger noch der Böden und vor allem noch ohne jede Kenntnis des Stoffwechsels innerhalb der Pflanzen. Der niederländische Arzt Jan Ingenhousz hatte schon 1780 einen vielversprechenden Anfang gemacht, als er die Kohlenstoffaufnahme durch die Blätter aus der Luft bewies. Landwirtschaftsreformer wie Thaer erkannten in der Fotosynthese ein Ablenkungsmanöver eines ehrgeizigen Philosophen, eine Ablenkung von der eigentlichen Aufgabe, den Pflanzen notwendige Substanzen über die Bodendüngung zuzuführen.

Fotosynthese: Ingenhousz

Die Fotosynthese geriet erst in den 1790er Jahren in den Fokus von Agrarwissenschaftlern, als sich der Chemiker Jean-Henri Hassenfratz mit einer völlig konträren Theorie der Aufnahme von Kohlenstoff in die Pflanzen zu Wort meldete und sie mit Empfehlungen zur Düngung verband. Der Entdecker der Fotosynthese reagierte mit einer Kampfschrift gegen Hassenfratz und machte seinerseits Vorschläge zur Düngung, die die Kohlenstoffaufnahme durch die Blätter in das Zentrum seiner Überlegungen rückte. In dieser Auseinandersetzung ging es auch um verschiedene Niveaus von Wissenschaftlichkeit. Es ist deshalb interessant zu verfolgen, wie Ingenhousz zu seinem revolutionären Ergebnis gelangen konnte. Er hat einen bisher nicht erreichten Standard der Kontrolle von Versuchsergebnissen, der Reflektion über die eingesetzten Messgeräte und der vorsichtigen Schlussfolgerungen etabliert, den seine Kritiker noch lange nicht erreichen werden, und der die frühen Landwirtschaftsreformer trotz ihres Glaubensbekenntnisses an eine Chemie von Boden und Dünger überfordert hat.

Abbildung 5: Jan Ingenhousz. Wikimedia commons

Der weltberühmte niederländische Pockenimpfer Jan Ingenhousz interessierte sich für jede Neuerung in den Naturwissenschaften, darunter die Elektrizität und die brandneue „Luftchemie“ von Scheele und Priestley. Ingenhousz wollte „die Reinigkeit der Atmosphäre“ genau abmessen, um Kranken bei der Genesung mit sauberer Luft zu helfen, und nannte in seinen Pflanzenversuchen eine schlechte Luft „verdorben“ oder wie Priestley „faul“.[15] Joseph Priestley (1733–1804) hatte bei seinen Experimenten mit Luft bemerkt, dass Pflanzen in fauler Luft besser wachsen als in gewöhnlicher und in „dephlogistisirter“ Luft. Letztere ist die Salpeterluft der Alchemisten, die beim Erhitzen von Salpeter (Kaliumnitrat, KNO_3) entstand. Es war Sauerstoff. Priestley und Ingenhousz mussten sich 1780 noch mit Stahls Theorie des Phlogiston zufrieden geben, einem fiktiven Teilchen, das erstmals Oxidation und Reduktion in einem kombinierten Prozess beschreibbar machte. Sie wurde später – und von Ingenhousz freudig begrüßt – durch Lavoisiers Sauerstofftheorie ersetzt, die das Verständnis chemischer Vorgänge stark vereinfachte. In den Anmerkungen gibt es eine Aufstellung der alten Bezeichnungen der Luftarten, die beim Lesen der Orginallektüre hilfreich sein kann.[16]

Ingenhousz war von Priestley begeistert, weil er im Reinigungsprozess der Luft durch die Pflanzen einen großen Naturzusammenhang erkannt haben wollte:

„Diese Entdeckungen überzeugen uns, daß keine Pflanze umsonst wächst. Von der Eiche herunter bis zum niedrigsten Gräsgen ist iede Pflanze dem Menschen nützlich. Kann man auch nicht allezeit den besonderen Nutzen iedes einzelnen Gewächses einsehen, so ist es doch gewiß ein Theil des Ganzen, und trägt zur Reinigung der Atmosphäre das seine bey“.[17]

Die Genauigkeit, mit der er jetzt die Zusammensetzung der Luft bestimmen konnte, war bisher unerreicht. Mache man nach der Methode von Fontana zehn Versuche hintereinander, so Ingenhousz, sei das Ergebnis auf ein 500stel exakt. Priestley hatte noch mit einer großen Unsicherheit der Messergebnisse in seinen Analysen zu kämpfen. Nach nur wenigen Versuchen bemerkte Ingenhousz, „daß die Gewächse nicht nur, wie Priestley gezeigt hat, erst innerhalb von sechs bis zehn Tagen die Luft, worinn sie wachsen, reinigen, sondern daß sie dieses wichtige Geschäft in wenigen Stunden ganz vollbringen; und daß der Grund hierfür keinswegs in dem Wachsthum der Pflanzen, sondern vielmehr in dem Einfluß der Sonnenstrahlen zu suchen ist“.[18] Das war seine große Entdeckung der Fotosynthese. Nur die grünen Blätter und Stengel der Pflanze waren daran beteiligt. Nachts verunreinigten alle Pflanzen die Luft und im Schatten auch am Tag.

Lesern, die seine Versuche wiederholen wollen, rät er, nur ganz frisch gepumptes Brunnenwasser zu verwenden, weil Wasser an freier Luft einen Teil seiner eigenen verliere. Wenn Ergebnisse nicht reproduzierbar seien, müsse man natürliche Ursachen in den Blick nehmen, wie mehr oder weniger Sonnenlicht, oder „eine größere oder geringere Zusammenhäufung der Blätter", die sich beschatten.

Ingenhousz hatte seine mehr als 500 Versuche von Juni bis September 1779 in einem Landhaus in der Nähe von London gemacht, wo schon Priestley viele Jahre als Privatlehrer tätig gewesen war. Er dankte seinen Gönnern, dass er sich „vom Geräusch der Hauptstadt" lösen und dort die Hartnäckigkeit, die Geduld und eine gewisse Ordnung aufbringen konnte, ohne die manche Entdeckungen nur einem „gewissen Zufall" hätten zugeschrieben werden können.

Bei der Drucklegung des Buches erfährt er von der Konstruktion eines Sauerstoffatmungsgerätes für Kranke durch den Florentiner Naturforscher Felice Fontana (1730–1805), besser bekannt als Abbé Fontana. Dieser hatte mit Sauerstoff (dephlogistierte Luft) gefüllte Behälter, deren Kapazität für eine halbe Stunde ausreichte, an eine Glasröhre angeschlossen, mit der die Patienten ein- und ausatmeten, während Kalkwasser im Behälter das beim Ausatmen zurückströmende Kohlendioxid sofort ausfällte und es deshalb nicht wieder eingeatmet wurde (Abbildung 6, S. 26).

Genau das war das eigentliche Ziel von Ingenhousz: mit sauberer Luft die Lebensgeister seiner Patienten zu wecken. Die Entdeckung der Fotosynthese war ein Nebenprodukt eines ärztlichen Suchens nach gesunder Luft, die dabei erkannte lichtabhängige Absorption von Kohlenstoff durch die Pflanzen der eigentliche wissenschaftliche Erfolg. Er war die Grundlage für unser heutiges Verständnis des Zusammenhangs von Pflanzenwachstum und Klima.

Es ist faszinierend zu verfolgen, wie Ingenhousz zu diesem Ergebnis gelangen konnte. Er führt uns vor, wie man durch das Stellen einfacher Fragen zu natürlichen Phänomenen die Voraussetzungen für ihre experimentelle Überprüfung schafft. Blätter könnten doch nicht einfach nur zur Zierde da sein, wundert er sich, denn ein Baum, der im Sommer alle seine Blätter verloren hat, stirbt. Und woher kommen die Luftbläschen

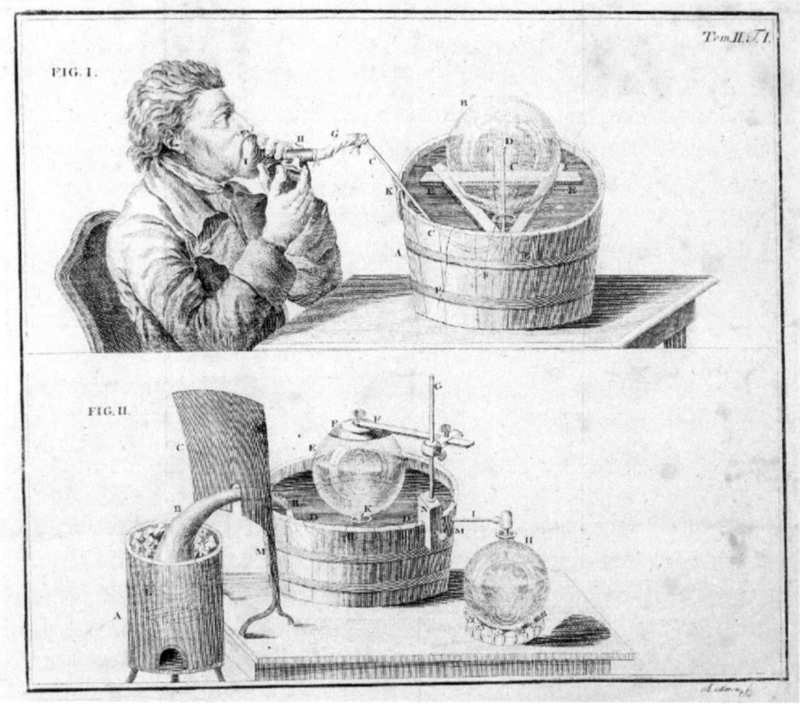

Abbildung 6: Sauerstoffatmung. Johann Ingen-Housz, Vermischte Schriften physisch-medicinischen Inhalts. Wien 1784, 2.. Band, zu S. 69.

auf den Blättern nach einem Regen, fragt er mit dem Genfer Naturwissenschaftler Charles Bonnet (1720–1793), der sich als erster mit den Luftbläschen beschäftigt hat. Denn nach Sonnenuntergang gibt es keine neue Bläschen, und die, die sich bei Tage gebildet hatten, blieben bestehen. Wie lässt sich das Phänomen erklären?

Dazu nimmt er ein großes gläsernes Gefäß, gefüllt mit Brunnenwasser und Blättern, stülpt es so in eine Wanne mit Brunnenwasser um, dass die zu untersuchenden Blätter vollständig in Wasser getaucht sind und keine Luft von außen eindringen kann. Jetzt kann er im Sonnenlicht beobachten, wie Bläschen je nach Pflanze in verschiedenen Formen aufsteigen, mal rund, mal länglich, mal sammelt sich Luft in einer großen Blase, die von der Blattspitze abgestoßen wird. Bei manchen Pflanzen kommen die Bläschen zuerst an der Unterseite, bei anderen an der Oberseite der Blätter zum Vorschein. Und er sieht, wie sich die Blasenbildung vermindert und schließlich ganz aufhört, wenn die Sonne untergeht.

Nun wird von ihm die Menge und Qualität des Gases bestimmt, das sich beim Versuch in der Kuppel des Gefäßes angesammelt hat. Dabei muss er ausschließen, dass das Gas nicht aus dem Wasser stammt, denn wenn man Brunnenwasser ohne Blätter in die Sonne stellt, bilden sich ebenfalls kleine Bläschen, die sich an Gefäßwand und Boden anlegen. Ingenhousz behauptet nun, die Luft sei „ganz und gar vor derjenigen verschieden, die in den Luftblasen der Blätter enthalten ist".[19] Diese Luft tauge weit weniger „zum Atemholen". Was hatte er erhalten?

Ein kurzer Exkurs zur Löslichkeit von Gasen in Wasser. Sie ist temperaturabhängig. Je kälter, desto mehr Gase sind gelöst. Das kann man am Mineralwasser sehen, das bei Erwärmung mit den aufsteigenden Blasen sein CO_2 verliert. Hauptbestandteile der Luft sind Sauerstoff und Stickstoff im Verhältnis 1 zu 4. Im Wasser ist verhältnismäßig mehr Sauerstoff als Stickstoff gelöst, das Verhältnis Sauerstoff zu Stickstoff beträgt hier 1 zu 1,8. Wird die Temperatur erhöht, wie das Ingenhousz mit seinem Brunnenwasser im „wärmenden Sonnenlicht" gemacht hat, nimmt die Löslichkeit der Gase im Wasser ab, sie steigen auf und verschwinden in der Luft. Ingenhousz hat sie eingefangen. Bei Erwärmung von 0° auf 30° C verliert Wasser etwa die Hälfte seines Sauerstoffs, aber nur 40 % seines Stickstoffs und etwa zwei Drittel seines Kohlendioxids.

Die Luft, die Ingenhousz nach Erwärmung des Wassers ohne eingetauchte Blätter eingeatmet hat, war also in ihrer Zusammensetzung gegenüber der Normalluft verändert. Weniger Stickstoff, mehr Sauerstoff und sehr viel mehr Kohlendioxid. Wie viel genau, ist aus seinen dürftigen Angaben zur Temperatur des Wassers und ihrer Veränderung durch das wärmende Sonnenlicht nicht herauszulesen. Jedenfalls war die Luft aus dem Wasser „zum Atemholen" nicht geeignet, ein weiterer Beweis, dass die in Wasser getauchten Blätter reinen Sauerstoff produziert haben müssen, der ja zum Atemholen geeignet war.

Nun zum nächsten Schritt. Ingenhousz fragt sich, ob es die Wärme der Sonne oder nur ihr Licht ist, das die Bläschen freisetzt. Dazu macht er einen verblüffend einfachen Versuch. Er nimmt ein im Licht erwärmtes Blatt und taucht es in das kalte Brunnenwasser. Wenn Wärme verantwortlich wäre, dürften sich Luftblasen erst dann entwickeln, wenn wenigstens ein geringer Grad der Wärme an das Wasser abgegeben worden ist. Es passierte aber genau das Gegenteil. Die erwärmten Blätter bildeten im kalten Wasser sofort, „mit einer ganz besonderen Geschwindigkeit" Blasen mit reinster Sauerstoffluft.[20] Als er das Gefäß mit Brunnenwasser und Blättern in der Nähe eines Feuers erwärmte, entstand keine reine Luft, sie war „sehr verdorben", im Schatten sogar „schlechter als gemeine". Also war Licht und nicht Wärme der Auslöser für die Produktion von Sauerstoff.

Den Einwand, dass mit dem Verbringen der Blätter ins Wasser ein unnatürlicher Zustand entstehe, lässt er nicht gelten. Man „überrascht eigentlich die Natur mitten in ihren Wirkungen, indem man auf einmal alle Gemeinschaft mit der freien Luft aufhebt".[21] Ohne eine völlige Trennung von der umgebenden Luft würde man niemals mit einer strengen Genauigkeit herausbringen, wie viel Sauerstoff aus den Blättern in die freie Luft entweicht.

Die Sauerstoffmenge, die während des Tages von den Blättern gebildet wird, sei erheblich größer als die Menge der verdorbenen Luft (Kohlendioxid), die während der Nacht erzeugt wird, im Verhältnis von 1:100.[22] Trotz dieser geringen Menge an Kohlendioxid könnten die Pflanzen in einem geschlossenen Raum den Tod bringen, wie auch die schlechte Luft, die man verspürt, wenn man morgens ein nachts verschlossenes Gewächshaus betritt. In der freien Natur sei sie nicht schädlich (Abbildung 7). Da

Abbildung 7: Fotosynthese. Ingenhousz' Apparaturen zur Gasanalyse. Sie werden mit Größenangaben so genau beschrieben, dass ein Nachbau möglich ist. Das gilt allerdings nur für die französische Ausgabe. Der Kupferstich in der deutschen ist für einen Nachbau zu wenig detailliert. Fig. 1 und 2: ein Kupfertubus, darin eingelassen ein Messtubus aus Glas mit oben eingravierten Maßeinheiten und Beobachtungslupe. Der Glastubus steckt in einem kurzen, unten offenen Fuß aus Kupfer. Der Zwischenraum zwischen Kupfer- und Glastubus ist mit feinem Schwamm abgedichtet, damit das Kupfer nicht das Glas zerbrechen kann. Fig. 3 – 8 einzelne Konstruktionselemente des Messtubus. Es handelt sich um einen Eudiometer, einen „Luftgütemesser", mit dem ursprünglich nur Salpeterluft (Sauerstoff) nachgewiesen wurde, eine Entwicklung von Fontana (siehe Abbildung 8, Eudiometer, S. 33). Ingenhousz hat ihn zur Analyse zahlreicher Gase benutzt. Fig. 9 und 10 ist eine hölzerne, mit Wasser gefüllte Wanne, in die das Messgerät gestellt wird, mit einem passenden Brett. Es hat an seiner

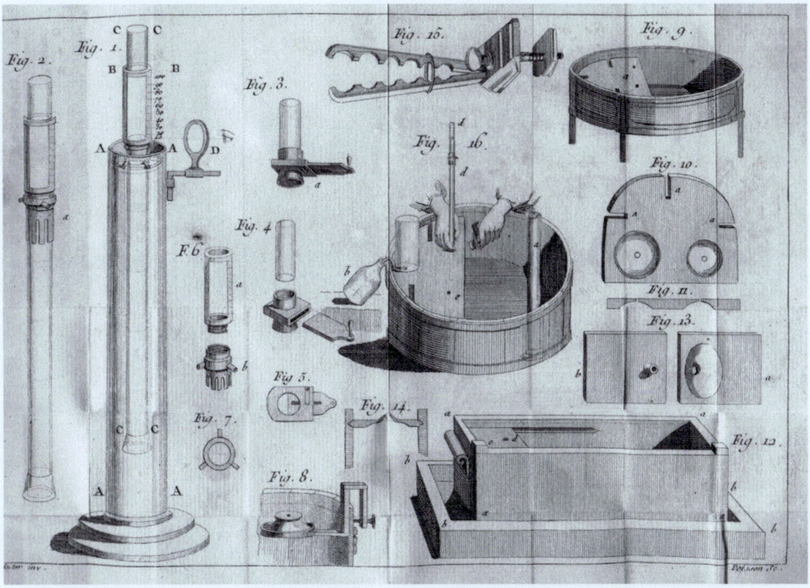

Unterseite zwei verschieden große Aushöhlungen mit Löchern für verschieden weite Glasröhren. Durch die beiden Kerben a werden gekrümmte Glasröhren geschoben, „durch welche man verschiedene Luftarten in die auf dem Brett stehenden umgestürzten Gefäße übergehen läßt“. Fig. 12 ist ein hölzerner Trog, der für Versuche, die nicht mit Wasser angestellt werden können, mit Quecksilber gefüllt wird. Dazu zählen solche Luftarten, die „vom Wasser verschluckt werden“ wie Dünste und fixe Luft (CO_2). „Aus dem Flußspat (Calciumfluorid) kann man die Luft nicht anders ausziehen und zur Untersuchung bringen, als wenn man sich des Quecksilbers anstatt des Wassers bedient, weil diese wunderbare Luftgattung, welche selbst das Glas zerfrißt, sich in demselben Augenblik, da sie das Wasser berührt, in Stein verwandelt“. Die wunderbare Luftgattung, die Ingenhousz aus dem Flussspat mit Hilfe von Schwefelsäure schon bei Zimmertemperatur freisetzen konnte, war der hochgiftige ätzende Fluorwasserstoff. Fig. 15 eine Zange, auf verschiedene Weiten einzustellen, die die Hälse von gläsernen Behältern umfassen. Fig. 16 fehlt in der deutschen Ausgabe. Hier wird gezeigt, wie der Messtubus und der Tubus aus Kupfer in der Versuchseinrichtung platziert werden. Außerdem ist eine Glasflasche zu sehen, mit der Salpeterluft (Sauerstoff) oder irgendeine andere Art von Luft hergestellt wird. Jean Ingen-Housz, Expériences sur les végéteaux. Paris 1780.

sie spezifisch leichter als atmosphärische Luft sei, begebe sich sich alsbald in die Höhe, während Sauerstoff zu Boden sinke. Da lag Ingenhousz allerdings falsch, was den Unwägbarkeiten seiner Messgeräte bei diesen kleinen Mengen geschuldet ist. Das spezifisches Gewicht von CO_2 ist 1,98 g/l, von O_2 1,429 g/l, und das der atmosphärischen Luft 1,293 g/l. Das größere spezifische Gewicht von CO_2 wird heute gerne von Leugnern des Treibhauseffektes benutzt, die behaupten, Kohlenstoffdioxid könne wegen seines spezifischen Gewichts gar nicht nach oben steigen, es müsse sich am Boden sammeln. Diese Meinung liegt völlig daneben und war schon von Ingenhousz geklärt worden. Außerhalb des Gewächshauses hatte er nie eine Veränderung der Zusammensetzung der Luft festgestellt. CO_2 ist ein Spurengas. Sein Anteil an der Luft beträgt nur 0,04 %. Er bleibt bis zu einer Höhe von 100 km unverändert, erst danach findet eine Entmischung der Luftbestandteile statt. Im geschlossenen Gewächshaus reichert es sich über Nacht an, aber es sinkt nicht zu Boden. Heute wird mit CO_2-Begasung in den Gewächshäusern zur Förderung des Pflanzenwachstums eine höhere Konzentration künstlich erzeugt.

Anders als Blätter geben Wurzeln bei Tag und bei Nacht schädliche Luft ab, wenn sie sich außerhalb des natürlichen Bodens befinden, so Ingenhousz. Blätter vom Weinstock sterben schneller ab, wenn man ihnen die aufsteigenden Luftblasen immer wieder entfernt. Das sind alles Beobachtungen, die den Gasaustausch auf die Blätter konzentrieren. Ingenhousz wagt sich nach Hunderten von Versuchen an eine Erklärung für die Pflanzenernährung:

„Die Pflanzen scheinen vermittels ihrer nach allen Seiten verbreiteten Wurzeln den grösten Theil ihrer Säfte aus der Erde zu ziehen, ihre phlogisistischen Nahrungstheile (Stickstoff) hingegen hauptsächlich aus der Atmosphäre zu erhalten, aus welcher sie die Luft, so wie sie sie finden, aufnehmen. Sie verarbeiten diese Luft in der Substanz ihrer Blätter, indem sie davon dasjenige absondern, was zu ihrer Nahrung tauglich ist, nämlich das brennbare Wesen (Sauerstoff), und den Ueberrest, als eine ihnen schädliche Auswurfsmaterie ausstoßen“.[23]

Die Vermutung, dass Pflanzen ihren Stickstoff der Luft entnehmen, wird sich als falsch erweisen. Nur wenige Pflanzen wie die Leguminosen sind in der Lage, ihn über Knöllchenbakterien an ihren Wurzeln zu binden. Noch 60 Jahre später war Liebig dieser Meinung, bis sich auch er den

Fakten beugen musste. Die Stickstoffaufnahme durch die Pflanzen und die Rolle der Mineralstoffe zu ihrer Ernährung waren ein halbes Jahrhundert lang die großen Streitpunkte unter Chemikern und Pflanzenphysiologen, deren Klärung ab Mitte des 19. Jahrhunderts eine beispiellose Erhöhung der Produktivität der Landwirtschaft auslöste. Darum ging es Ingenhousz in seinem ersten großen Werk über die Fotosynthese nicht. Er war begeistert über die Luftverbesserung durch Sauerstoff und band seine Theorie, wie er sie nennt, in einen großen Kreislauf der Natur ein, in dem Tiere von Pflanzen profitieren und auch der Mensch sich im großen Naturzusammenhang wiederfindet.

Die Leistungen der grünen Substanz, von Algen an den Gefäßwänden seiner Versuchseinrichtung, bringen ihn ins Schwärmen. Sie sind für ihn der endgültige Beweis, dass Licht den Gasaustausch der Blätter steuert und dass Wasser, in dem die Algen wachsen, nicht an ihm beteiligt ist: „Es ist wunderbar, daß diese Materie nie von aller dephlogistisirten Luft (Sauerstoff) erschöpft zu werden scheint, wenn sie gleich keine Gemeinschaft mit der äußern Luft hat, aus der sonst die allermeisten Pflanzen ihren Luftvorrath erhalten".[24] Er fragt sich, ob diese grüne Substanz vielleicht Luft aus dem Wasser saugt. Seiner Meinung nach nicht, denn er konnte aus diesem Wasser selbst durch Kochen nie so viel Luft erhalten wie die Menge, die die grüne Materie „aus freyen Stücken lieferte". Es sei ein Prozess der Verwandlung in der vegetierenden Materie, der die Bewunderung der Philosophen verdiene, ähnlich der Verwandlung von Gras in das Fett der Tiere. Ingenhousz begreift die Fotosynthese erstmals als grundlegenden Stoffwechsel der Pflanzen.

Als Wissenschaftler mit Leib und Seele geht er ausführlich der Frage nach, ob er sich auf seine Methode der Messung des Sauerstoffs verlassen kann. „Da ich indessen entschlossen war, mich so viel als möglich aller analogischen Schlüsse zu enthalten, wofern sie nicht durch eigne Untersuchungen bestätigt würden, so prüfte ich jede mir vorkommende Luft nicht nur mittels der Salpeterluft, sondern auch mit einem brennenden Licht, ohne jedoch iemals das geringste Mißtrauen in diese bereits allgemein aufgenommene Untersuchungsart zu setzen".[25] Das brennende Licht erlosch, wenn kein Sauerstoff vorhanden war. Da er sich sicher war, mit seiner Methode die Verbesserung der Luft korrekt nachgewiesen zu haben, wollte er nun den endgültigen Beweis antreten, indem er „entzündliche Luft" (Wasserstoff) mit „phlogisistierter Luft" (Sauerstoff, Salpeterluft) zu verbessern versuchte. Das war hoch gefährlich und endete im Sonnenlicht jedes Mal mit einem großen Knall. Wasserstoff nannte man seit seiner Entdeckung durch Henry Cavendish (1731-1810) und Joseph Priestley Knallgas. Hühnchen verendeten in Wasserstoff innerhalb weniger Minuten. Er wusste nun, „daß die Salpeterluft (Sauerstoff) ein ganz unzuverlässiges Mittel sey, die Beschaffenheit dieser entzündbaren Luft zu bestimmen".[26] Ließ er die Gefäße einige Tage und Nächte stehen, wurde die Luft verbessert und war schließlich mit der atmosphärischen Luft vergleichbar, aber ihre „knallige Eigenschaft", also der in ihr enthaltene Wasserstoff, blieb erhalten. Richtig erklären konnte er die Phänomene nicht.[27] Darüber war er ein wenig betrübt, hielt aber fest, dass die Salpeterluft (Sauerstoff) als Bestandteil der atmosphärischen Luft dafür verantwortlich zu machen sei, wenn wir je nach Gehalt mehr oder weniger gut darin atmen können.

Die Luft verändere sich ständig, sagt er, aber Wärme, Kälte, Luftdruck, zu bestimmen mit Thermometer und Barometer, seien keine Hilfe, wenn man ihren Bestandteil an Sauerstoff wissen will. Mit diesen Instrumenten wird Horace Bénédicte de Saussure (1740–1799) sieben Jahre später bei der ersten wissenschaftlichen Besteigung des Mont Blanc tiefe Einblicke in die physikalischen Eigenschaften der Luft eröffnen. Ingenhousz interessierte sich für ihre chemische Zusammensetzung.

Um sie zu erfahren brauche man einen Eudiometer, einen „Luftgütemesser", eine Erfindung von Joseph Priestley (1733–1804), die Felice Fontana (1730–1805) stark verbessert hatte (Abbildung 8). Ingenhousz beschreibt ausführlich das Instrument einschließlich der Fehler, die bei seinem Gebrauch und seiner Herstellung gemacht werden können. Wie so oft in der Geschichte der Naturwissenschaften ist es ein Instrument, das weiteren Forschungen einen gehörigen Schub verleiht und Anstrengungen zu größerer Präzision auslöst.

Basis der Messung im „Salpeterlufteudiometer", wie ihn Ingenhousz verwendet hat, ist die Reaktion mit Stickoxid, $2\ NO + O_2 = 2\ NO_2$.

Abbildung 8: Eudiometer. Johann Friedrich Luz, Anweisung, das Eudiometer des Herrn Abt von Fontana zu verfertigen und zum Gebrauch bequemer zu machen. ingleichen durch eine sehr einfache Einrichtung in kurzer Zeit Mineralwasser zu verfertigen. Nürnberg und Leipzig 1784, S. 86. Erklärung im Text.

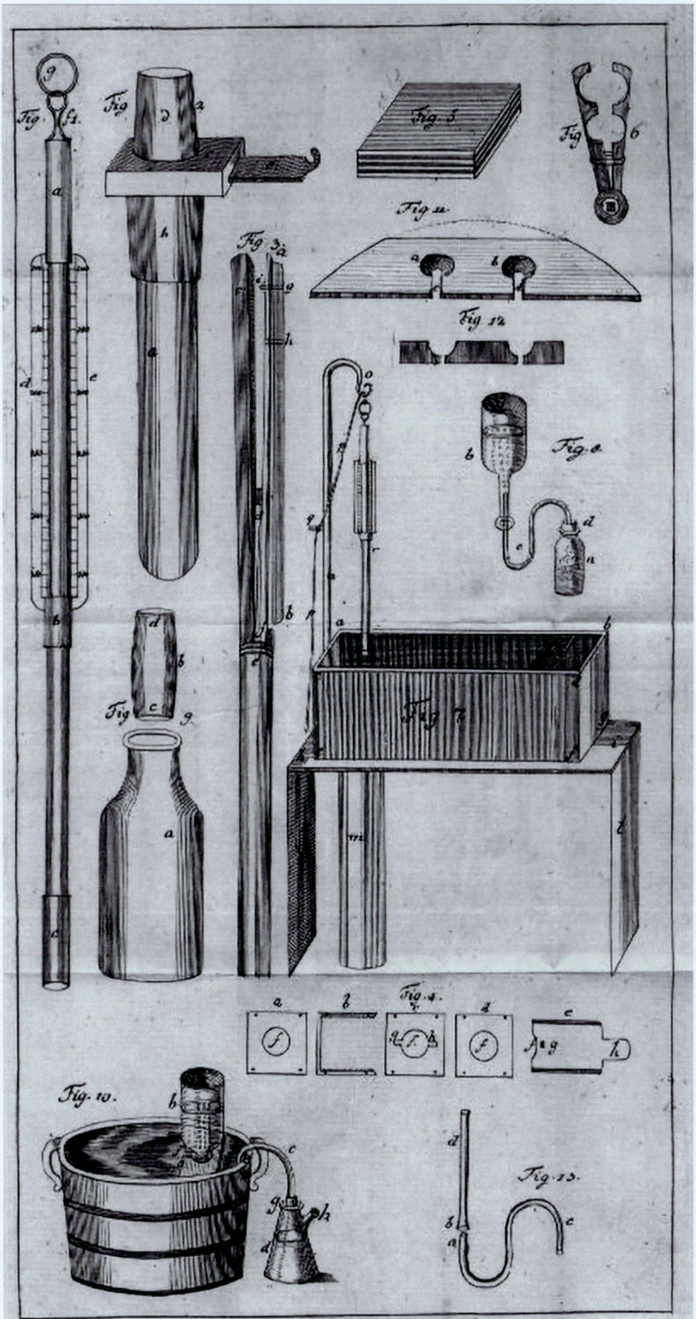
Fig. 1.
Fig. 2
Fig. 3
Fig. 5
Fig. 6
Fig. 11
Fig. 12
Fig. 8
Fig. 9
Fig. 7
Fig. 4
Fig. 10.
Fig. 13.

Das Stickoxid fängt den Sauerstoff ein und vermindert das Luftvolumen, das gemessen wird. Voraussetzung für eine verlässliche Messung ist eine gleichbleibende Qualität des Stickoxids. „NO wird hergestellt aus Kupferdrähten und Salpetersäure und ein definiertes Volumen mit einem bekannten Volumen gewöhnlicher Luft vermischt, wobei die Volumenminderung (gemessen in Millimetern oder als Verhältnis zu 100) die „Luftgüte" charakterisiert".[28] Ein Maß für den Sauerstoffgehalt der Luft war das nicht, weil zwar das Volumenverhältnis von atmosphärischer Luft und Salpeterluft (Sauerstoff) annähernd bekannt war, nicht aber in welchem Verhältnis diese Salpeterluft in ihrer Mischung mit der atmosphärischen Luft reagiert.

Nach Ingenhousz war daher der wichtigste und am schwersten zu behebende Fehler bei der Messung mit einem Eudiometer „die Ungleichförmigkeit in den Eigenschaften der Salpeterluft"[29], mit der die Diagnose der Menge des Sauerstoffs gemacht wurde. Ihre Reaktion falle, obwohl immer auf die gleiche Weise zubereitet, mal stärker, mal schwächer aus. Er gewann das für die Reaktion mit Sauerstoff notwendige Stickstoffmonoxid (NO) deshalb statt mit Hilfe von Eisenfeilspähnen mit gewickeltem Kupferdraht. Kupferdraht bot eine gleichmäßigere Oberfläche für die Reaktion mit Salpetersäure. Er widmet viele Seiten der Frage, wie man diese Messunsicherheiten beseitigen könnte. Die stetigen Veränderungen der Luft führten dazu, sagt Ingenhousz, dass man nicht aus ein oder zwei Versuchen weitreichende Folgerungen ziehen dürfe. Er habe anfangs selbst befürchtet, dass die Schwankungen mit der Bestimmungsmethode zusammenhingen, aber diesem Einwand war leicht zu begegnen: Er konservierte die gemessene Luft in einer Flasche und wiederholte mit ihr später die Messung. Das Resultat war dasselbe geblieben.[30]

Er stellt eine Liste seiner Messergebnisse mit der Methode von Priestley und der von Fontana zusammen, von Blättern und Gräsern, zu verschiedenen Uhrzeiten und mit unterschiedlichen Mengen. Nachts entwickelten die Probanden eine Luft, in der Licht erlosch. Er wiederholte die Versuche bei Tag im Schatten mit dem Ergebnis einer Luftverschlechterung, bei der zum Beispiel eine Wachskerze kaum noch brannte und ein Küken nach wenigen Sekunden zu sterben drohte, sich aber in einer halben Stunde wieder erholte. Nun machte er Versuche, die zeigen sollten, „daß der Schaden, den Pflanzen bey Nacht der Atmosphäre zufügen, in Vergleichung mit dem Nutzen, den sie derselben bey Tage gewähren, sehr unbeträchtlich ist".[31] Er ließ die Pflanzen einfach rund um die Uhr stehen und fand, dass keine schädliche Luft übrig geblieben war, sondern wieder nur Sauerstoff in der bereits bekannten Menge nachgewiesen werden konnte. Er fand auch, dass Wurzeln, Früchte und die meisten Blüten schädliche Luft (CO_2) auch am Tag abgeben und dass blattlose Weidenstengel keinen Sauerstoff produzieren. Bei der Versorgung der Pflanzen mit Wasser war Brunnenwasser Sumpf-, Regen- und Flusswasser überlegen. Mit Brunnenwasser erhielt er mehr Sauerstoff. Bei mit Kohlendioxid „geschwängertem Wasser" wurde die Entbindung von Sauerstoff „in Unordnung gebracht" und schließlich unterbrochen.[32] Diese Hartnäckigkeit, allen möglichen Fehlerquellen auf den Grund zu gehen, weist ihn als echten Wissenschaftler aus.

Als Arzt machte er dann Vorschläge, wie man die Luft einer Gegend im Hinblick auf die Gesundheit bestimmen soll. Das war von Anfang an ein wichtiger Antrieb für seine Untersuchungen. Die Luftverbesserung unter einer abgeschlossenen Glocke, die er bei der Fotosynthese nachweisen konnte, war unter den Bedingungen eines freien Luftaustausches noch eine reine Spekulation, nicht aber seine von Fontana vorgeschlagene Verwendung des so gewonnen Sauerstoffs für medizinische Zwecke. Landwirtschaftliche Perspektiven hatte er 1780 noch nicht, er wollte die Bedingungen für eine Luftverbesserung klären und dabei „den Wirkungen der Natur im Pflanzenreich nachspähen".[33] Das war ein erkenntnistheoretischer Antrieb.

Ingenhousz wusste nichts über den Stoffwechsel innerhalb der Pflanzen. Was passiert mit der Luft, die die Pflanze atmet, fragt er sich. Ist sie dort so komprimiert wie in einer Kompressionsmaschine, ist die ausgeatmete fixe Luft (Kohlendioxid) als solche unverändert in der Pflanze enthalten? Das sei nicht anzunehmen, spekuliert er gekonnt. Wahrscheinlicher sei, dass die Pflanzen wie Tiere verdauen. „Ist es nicht weit schiklicher zu sagen, die Pflanzen enthalten eine Luft, – oder wie man sonst diese Substanz nennen will, – die unter verschiedenen Bearbeitungen sich in verschiedene Luftgattungen verwandelt?"[34] Es genüge nicht, diese Veränderungen einem Feuer, der Gärung oder anderer Mittel zuzuschreiben. Aber was in der Pflanze wirklich vor sich geht, wie ihr Stoffwechsel funktioniert, darüber konnte er beim rudimentären Stand der Pflanzenphysiologie noch nichts wissen.

In diesem Buch, in dem er seine Entdeckung der Fotosynthese beschrieb, machte er sich nur Gedanken, wie er den von den Blättern gebildeten Sauerstoff zur Verbesserung der Raumluft und zur Therapie nutzen könnte. Mit seiner Entdeckung ahnte er wie Priestley ein allumfassendes Zusammenspiel von Tier- und Pflanzenreich, einen großen Kreislauf der Natur, von Landwirtschaft keine Spur. Mit ihr beschäftigt er sich erst 1796 in einer Veröffentlichung des *Boards of Agriculture,* dann mit der neuen chemischen Nomenklatur von Lavoisier und mit Vorschlägen für eine von der Chemie gesteuerten Düngung.

Humustheorie und neue Chemie: Ingenhousz gegen Hassenfratz

In der Auseinandersetzung zwischen Hassenfratz und Ingenhousz geht es um die Aufnahme des für das Pflanzenwachstum wichtigen Kohlenstoffs. Kohlenstoff ist Bestandteil von Kohlenhydraten (Zuckern), Fetten und Eiweiß. Ohne ihn kommt der pflanzliche Stoffwechsel zum Erliegen. Wer nicht weiß, wie er in die Pflanze gelangt, kann über Pflanzenernährung nur spekulieren. Für eine Landwirtschaft, die Ertragssteigerungen erzielen will, ist ein korrektes Wissen um die Kohlenstoffaufnahme von enormer Bedeutung. Das war um 1800 den meisten Landwirtschaftsreformern nicht klar. Sie begnügten sich mit der Humustheorie von Hassenfratz und waren damit einem Scharlatan auf den Leim gegangen. Den Wissenschaftler Ingenhousz hatten sie weitgehend ignoriert. Das ist im Rückblick nicht leicht zu verstehen, weil Ingenhousz die Schwachstellen bei Hassenfratz schon 1796 aufgedeckt und Saussure ihm fünf Jahre später nach eigenen Versuchen eklatante Fehler nachgewiesen hatte.

Der 1796 veröffentlichte englische Titel von Ingenhousz, „An Essay on the Food of Plants and the Renovation of the Soils“, spricht präzise von Erneuerung der Böden, der deutsche in „Über Ernährung der Pflanzen und Fruchtbarkeit des Bodens“ nur von einer Bodenfurchtbarkeit, in der der menschliche Einfluss nicht erkennbar ist.[35] „Soil“ bedeutet nicht nur Boden oder Erde, sondern auch Dünger. Ingenhousz hat den Ausdruck ganz bewusst gewählt, um ein aktives Eingreifen zur Verbesserung der Ackerböden zu betonen. Er wollte zeigen, dass seine Theorie der Fotosynthese sehr wohl mit praktischen Empfehlungen zur Steigerung des landwirtschaftlichen Ertrags verbunden werden kann. Solche mangelhaften Übersetzungen landwirtschaftlicher Literatur aus dem Englischen haben Albrecht Thaer an den Rand der Verzweiflung gebracht.

Ingenhousz ist zu diesem Zeitpunkt ausländisches Ehrenmitglied des *Board of Agriculture*, einem Rat zur Verbesserung der Landwirtschaft, und er hat seine Versuche in einem eigens für ihn eingerichteten Labor auf dem riesigen Landsitz des Marquess of Landsdowne in der Grafschaft Wiltshire gemacht. Treibende Kraft bei der Gründung des *Board* und ihre zentrale Figur bis zu seinem Rückzug 1798 war John Sinclair

(1754–1835), ein Großgrundbesitzer aus dem nördlichen Schottland und ein jahrzehntelanges Parlamentsmitglied (Abbildung 9). Sekretär des *Board* wurde der weithin bekannte Agrarschriftsteller Arthur Young (1741-1820). Ordentliche Mitglieder waren sehr große Landbesitzer (zwischen 13 000 und 460 000 acres (1 acre = 0,4 ha). und viele von ihnen waren Mitglieder des Parlaments. Dazuzurechnen sind 300 Ehrenmitglieder wie Ingenhousz, deren Zahl bis zur Jahrhundertwende auf 500 steigen wird.

Abbildung 9: Sir John Sinclair 1795. Henry Reaburn, Öl auf Leinwand. 238 x 154 cm. Scottish National Gallery Edinburgh. Wikimedia commons. Gentlemen wie Sinclair mit ausgedehntem Besitz waren die treibende Kraft der britischen Bemühungen zur Verbesserung der Landwirtschaft.

John Sinclair war als Earl of Caithness ein sehr großer Landbesitzer in der fast menschenleeren Grafschaft Caithness im äußersten Nordosten Schottlands (60 000 acres) mit dürftigen Erträgen und hohen Schulden. Seine erfolgreichen Versuche mit veränderter Bodenbearbeitung, mit Schafen, mit der Errichtung von großen Farmen und zwei Dörfern sowie der Gründung einer Stadt (Thurso), Etablierung eines Fischereihafens, Abschaffung feudaler Dienste etc. hatten ihn für die innovativen Großgrundbesitzer zu einem Vorbild gemacht.[36] Auslöser für die Gründung des *Board* 1793 war die desolate Versorgungslage mit Getreide nach der Französischen Revolution von 1789 und dem Corn Bill von 1791, mit dem hohe Importzölle erhoben worden waren, die die Landwirte bei stark steigenden Preisen zum Getreideanbau anhalten sollten. Nur 15 000 acres würden genügen, hieß es, um den Getreideimport beenden zu können, bei Millionen von acres, die bisher nicht als Ackerland bearbeitet wurden.[37] Es war eine Aufforderung, aus Brachen und Wiesen Ackerland zu machen. Sie katapultierte Fragen nach einer Bodenverbesserung und einem Einsatz von Düngemitteln in den Mittelpunkt der Überlegungen von Agrarreformern. Dem Zusammenbruch des Handels mit Frankreich folgte eine Spekulations- und Pleitewelle, eine Lähmung der Wirtschaft und eine Verarmung der Bevölkerung. Viele Familien wurden bettelarm, einige emigrierten, Handwerker wurden Soldaten.[38]

In diesem Umfeld, in dem die Versorgungskrise und das Leistungsdefizit der Landwirtschaft in Großbritannien in aller Munde waren, hat Ingenhousz 1796 seine Entdeckung der Fotosynthese gegen die seither erhobenen Einwände verteidigt, sie mit dem System Lavoisiers modernisiert und sich auf dieser Grundlage Gedanken über Bodenfruchtbarkeit und die wirksamen Bestandteile von Düngern gemacht. Die zentrale Auseinandersetzung führte er mit Jean-Henri Hassenfratz (1755–1827). Er hatte während der Revolution durch die Zusammenarbeit mit Lavoisier eine kämpferische Rolle bei der Propagierung des neuen chemischen Systems gespielt und in den von ihm 1789 mitbegründeten *Annales de Chimie* 1792 drei Artikel zu Pflanzenversuchen veröffentlicht, die Ingenhousz in allen entscheidenden Aspekten widersprachen. Er verlegte die Aufnahme des Kohlenstoffs von den Blättern in den Boden, und machte aus der Abgabe des Sauerstoffs unter Lichteinwirkung durch die Blätter eine Spaltung des Wassers in Wasserstoff und Sauerstoff. Diese drei Artikel wurden zu einer Art Gründungsmanifest der Boden- und Humustheorie, der in den folgenden Jahrzehnten zahlreiche Agrarwissenschaftler einschließlich Albrecht Thaer folgen sollten.

Liest man heute beider Veröffentlichungen, ist die Bevorzugung von Hassenfratz nur schwer zu begreifen. Es liegen Welten zwischen der sorgfältigen Dokumentation der Experimente eines Ingenhousz und ihrer leichtfertigen und wenig trennscharfen Ausführung bei Hassenfratz. Es liegen Welten zwischen der quantitativen Luftchemie von Ingenhousz und einer nur als spekulativ zu beschreibenden Wasserchemie von Hassenfratz. Umso erstaunlicher ist es, dass namhafte Wissenschaftler, die in Analysen von Boden und Dünger involviert waren, nicht Ingenhousz, sondern Hassenfratz folgten.

Hassenfratz war 1792, als er seine Untersuchungen über die Ernährung der Pflanzen veröffentlichte, als Jakobiner in die Ereignisse involviert, die zur Herrschaft Robespierres führten. Als eines von 30 Mitgliedern im *Bureau de Consultation des Arts et Métiers* war er mit der Evaluierung und Förderung technischer Innovationen befasst, und er beteiligte sich als Mitglied der Kommune von Paris aktiv am Putsch zur Beseitigung der Girondisten.[39] Es ist kaum anzunehmen, dass er in dieser aufgeheizten Atmosphäre die nötige Sorgfalt für naturwissenschaftliche Experimente aufbringen konnte. Die schlampige Durchführung seiner Experimente und das dürftige, oft spekulierte Ergebnis sprechen für eine große Hektik, die keine gedankliche Durchdringung erlaubte (Abbildung 10).

Abbildung 10: Jean-Henri Hassenfratz. Aus: Traité théorique et pratique de l'art de calciner la pierre calcaire, et de fabriquer toutes sortes de mortiers, cimens, bétons etc ... Paris 1825.

Ingenhousz hat seine Erwiderung auf Hassenfratz vier Jahre nach dessen Veröffentlichung in den *Annales de Chimie* als Essay im Publikationsorgan des *Board of Agriculture* geschrieben. Seine Sicht dürfte aber durch die Omnipräsenz der *Annales de Chimie* in Europa, die zum Referenzmedium der neuen Chemie geworden war, völlig an den Rand gedrängt worden sein. Ingenhousz hat zwar die Ergebnisse seiner Entdeckung der Fotosynthese, die er 1780 noch in der nur Eingeweihten verständlichen phlogistischen Theorie präsentieren musste, diesmal durch die inzwischen geläufigere der neuen Chemie von Lavoisier ersetzt, konnte sich aber aus England, das er in seinen letzten Lebensjahren nicht mehr verlassen hat, kein Gehör mehr verschaffen. Er starb 1799 in Bowood House, auf dem Landsitz des Marquess of Lansdowne, der ihm einen ganzen Saal als Labor für seine Pflanzenversuche eingerichtet hatte. Und hier hat er in der Ruhe einer herrschaftlichen Umgebung sein zweites Hauptwerk über die Ernährung der Pflanzen auf Englisch verfasst, angewidert und in seiner

Humanität verletzt von eben den Zeitläufen, die Hassenfratz nach oben gespült haben.[40] Zwischen England und Frankreich ging zehn Jahre lang nichts mehr. Die beiden Großmächte führten Krieg und kämpften um die Vorherrschaft. Auf dem Kontinent herrschten die Franzosen.

Ich werde zeigen, wie Hassenfratz seine Ideen aus experimentellen Ergebnissen Lavoisiers ableitete und sie mit spekulativem Überschwang und fehlerhaften Analogien missbrauchte. Eigene Experimente sind leicht an einer Hand abzuzählen und werden nicht so referiert, dass sie nachvollziehbar sind. Der so von Hassenfratz geplünderte Lavoisier war 1792 in einer bedrohlichen Lage. Er konnte oder wollte sich mit dem Jakobiner Hassenfratz in der blutigen Phase der Revolution über den Missbrauch seiner aus dem Zusammenhang gerissenen Experimente nicht streiten. Er stand unter Beobachtung und war durch von Rache getriebenen Angriffen des Jakobiners Jean Paul Marat gefährdet, an dessen Schrift über die Verbrennung von 1780 er kein gutes Haar gelassen hatte. Im Herbst 1792 hatte Lavoisier alle Ämter verloren, im November 1793 kam er wegen angeblichen Unterschleifs als Steuerpächter in Haft und wurde am 8. Mai 1794 guillotiniert. Hassenfratz hat nicht versucht, die Hinrichtung seines Mentors zu verhindern.

Ich glaube kaum, dass die vehementen Vertreter der Humustheorie die sprunghaften Gedankengänge Hassenfratz' jemals im französischen Original gelesen und verstanden haben. Selbst Wissenschaftler mit guten Französischkenntnissen werden nach der Lektüre etwas ratlos zurückgeblieben sein und sich nur allzu gerne auf das Endresultat gestürzt haben: Der Kohlenstoff der Pflanzen stammt aus der Erde und nicht aus der Luft. Niemand unter den zeitgenössischen Wissenschaftlern, außer Ingenhousz und später noch Saussure, hat sich die Mühe gemacht, Hassenfratz an seinen eigenen Widersprüchen zu packen und seine Argumente nach den Regeln der Wissenschaft auseinanderzunehmen. Die Ergebnisse von Hassenfratz waren für Landwirte, die ihre Pflanzen aus dem Boden wachsen sahen, einfach zu verführerisch. Aber sie waren falsch, die Ergebnisse von Ingenhousz ungewohnt, aber richtig.

Das Durcheinander im Kopf von Hassenfratz ist nicht wegen seiner falschen Resultate interessant, sondern wegen des spekulativen Weges, auf dem seine Gedanken Gestalt annehmen. Sie verbreiteten den Duft der neuen Chemie. Doch es war eine Verführung ohne Substanz. Hassenfratz war in den drei Beiträgen zur Pflanzenernährung in den *Annales de Chimie* zu folgenden Ergebnissen gekommen, die Ingenhousz mit ihren Kernaussagen referiert.[41]

Im ersten Beitrag meine er, so Ingenhousz, Wasser und Luft reichten nicht zu Ernährung der Pflanzen, der notwendige Kohlenstoff käme aus dem Samen. Im zweiten behaupte er, Kohlensäure (fixe Luft) sei kein nahrhafter Stoff. Im dritten komme die wahre Nahrung Kohlenstoff durch die Wurzel aus dem Boden. Hassenfratz fasst dieselben Versuchsergebnisse in seiner dritten Abhandlung mit einer anderen Gewichtung so zusammen:

„Ich habe gezeigt, … dass die Pflanzen, die nur im Wasser und in der Luft wachsen, ihr Volumen und Gewicht alleine durch die Mitwirkung des Wassers steigern; und dass sie nach ihrer Entwicklung nur eine ein wenig kleinere Menge an Kohlenstoff enthalten als diejenige, die in ihrem Grundstoff waren.

Ich habe in der zweiten Abhandlung gezeigt, dass der Anstieg des Kohlenstoffs in den Pflanzen, die in Erde wachsen, kaum durch zerlegte Kohlensäure produziert wurde, und dass der Verlauf des Wachstums nicht das Mittel war, das die Natur anwendet, um Kohlensäure zu zerlegen und der Atmosphäre Sauerstoffgas zurückzugeben, das in jedem Augenblick bei der Bildung dieser Säure durch die Atmung und Verbrennung gebraucht wird. Ich werde in dieser dritten Abhandlung versuchen, den Prozess aufzuzeigen, den die Natur anwendet, um den Kohlenstoff in den Pflanzen zu erhöhen".[42]

Ingenhousz hat in seiner Zusammenfassung die drei entscheidenden Schwachpunkte bei Hassenfratz betont: die Ablehnung der Kohlensäure als Pflanzennahrung, den Samen als unerschöpfliches Reservoir für Kohlenstoff und die Aufnahme des Kohlenstoffs durch die Wurzeln. Hassenfratz, der die Fotosynthese als entscheidenden Faktor für das Pflanzenwachstum ablehnt, stellt die Rolle des Wassers in den Vordergrund. Er wird sie in der dritten Abhandlung auf die Spitze treiben, das Wasser in Wasserstoff und Sauerstoff zerlegen und den Wärmestoff das Pflanzenwachstum steuern lassen.

In dieser dritten Abhandlung fällt er in direkter Auseinandersetzung mit Ingenhousz ein endgültiges Urteil, in dem der Wärme die entscheidende

Rolle bei der Aufnahme von Kohlenstoff durch die Pflanzen zukommt. Obwohl er die Ergebnisse von Ingenhousz nie ausdrücklich in Frage stellt, gelingt es ihm, sich stufenweise von ihm abzusetzen. Er verlegt die entscheidenden Vorgänge ins Wasser und macht aus der lichtabhängigen Fotosynthese mit einer Aufnahme von Kohlendioxid durch die Blätter eine wärmeabhängige Aufnahme von reinem Kohlenstoff durch die Wurzel.

Damit das funktionieren kann, lässt Hassenfratz die Pflanzen das von ihnen aufgenommene Wasser in Wasserstoff und Sauerstoff zerlegen, ohne dafür den Beweis anzutreten. Dieser Sauerstoff reagiert mit dem in den Pflanzen über den in der Wurzel „abgelagerten Kohlenstoff" zu Kohlensäure. Die für seinen Pflanzenstoffwechsel nicht benötigte Kohlensäure und Sauerstoff aus der Zerrlegung des Wassers werden wie bei Ingenhousz über die Blätter abgeatmet. In diesem Prozess, den Hassenfratz mit keinem einzigen Experiment überzeugend belegen kann, werden die Blätter zu reinen Ausscheidungsorganen degradiert. Die Aufnahme aller für das Pflanzenwachstum nötigen Substanzen erfolgt jetzt durch die Wurzeln.

Hassenfratz' Argumentation wird verständlicher, wenn auch nicht überzeugender, wenn man sie mit der neuen Chemie von Lavoisier von 1789 verknüpft, in der Wärme nicht als Ausdruck von Bewegung, sondern als ein leicht flüchtiges Element betrachtet wird, das zwischen den Stoffen agiert. Mit diesem Wärmestoff ersetzt Hassenfratz die Lichtwirkung der Fotosynthese. In den Worten Lavoisiers war der spekulierte Wärmestoff eine „sehr subtile Flüssigkeit, die sich über die Moleküle aller Körper ausbreitet und sie voneinander trennt".[43] Damit erklärte Lavoisier zum Beispiel die verschiedenen Aggregatzustände des Wassers – Eis, Flüssigkeit, Dampf – und eine „Elastizität" des Wärmestoffs, der die Moleküle auseinandertreibt. Im Dampf war die abstoßende Kraft des Wärmestoffs am wirksamsten. Daraus könne man schließen, so Lavoisier, dass es sich beim Wärmestoff um eine „Kapazität der Körper, die Materie der Wärme in sich einzuschließen" handelte.[44] Licht und Wärmestoff waren bei ihm nicht dasselbe, obwohl sie Gemeinsamkeiten aufwiesen. Hassenfratz konnte so, gestützt auf einen nicht trennscharfen Lavoisier, Licht und Wärme bei seinen Versuchen praktisch gleich behandeln.

Wie unausgegoren Hassenfratz den Wärmestoff in den Ablauf des Pflanzenwachstums integriert, zeigt der folgende Absatz. Verzweifeln Sie nicht beim Lesen. Er ist in Teilen unlogisch und enthält die Quintessenz seines Gedankenganges in einer Argumentationskaskade, die von Ingenhousz wegführt. Wärme und Kälte tanzen einen wundersamen Reigen, und statt des Gases Kohlendioxid erscheint die Kohlensäure, die bei seiner Reaktion mit Wasser entsteht.

„Da die Versuche von Herrn Ingenhousz beweisen, dass zwei Dinge eintreten müssen, während Kohlensäure und kaum Sauerstoff abgegeben wird: 1. dass im Fall, wo die Entstehung der Kohlensäure durch den abgelagerten Kohlenstoff und dem in die Pflanze eingetretenen Sauerstoff der Atmosphäre, Wärme produziert wird; und im Fall, wo die Verdunstung von Wasser Kälte produziert: in diesem Fall wird sicher Wärme produziert; 2. dass in zwei Fällen, die Zerlegung eines Teils des Wassers und die Verdunstung eines anderen Teils, Kälte produziert wird; und in zwei weiteren Fällen Wärme frei wird, bei der Bildung der Kohlensäure durch einen Teil Sauerstoff aus der Atmosphäre und bei der Bildung von allem Sauerstoff aus der Zerlegung des Wassers, und die in der Kombination von Kohle, von Wasserstoff und anderen Teilen die Pflanze bilden: in diesem zweiten Fall muss die Menge des freiwerdenden Wärmestoffes größer sein als die absorbierte, und die Pflanzen müssen Wärme produzieren." Das französische Original findet sich in den Anmerkungen.[45]

Schön und gut, die Pflanzen produzieren Wärme, aber was will Hassenfratz damit beweisen? Er hat seine nicht genau zu fassenden Wärmeexperimente „hors de la présance du soleil" gemacht, das heißt, die Sonne schien nicht, aber dunkel war es demnach auch nicht. Das ist eine der vielen Unschärfen, die die Bewertung seiner experimentellen Ergebnisse zu einem Lotteriespiel machen. Er hat offensichtlich nur die Gesamttemperatur gemessen und sich die seiner Meinung nach dazu passenden chemischen Reaktionen ausgedacht. Der Text ist wegen seiner spekulativen Beliebigkeit deshalb schwer zu verstehen, und er war noch schwerer zu übersetzen. Anscheinend glaubt er 1. dass der Kohlenstoff der Pflanze mit dem Sauerstoff der Luft reagiert und dabei Wärme produziert und dass 2. bei der Spaltung des Wassers in Wasserstoff und Sauerstoff wie auch bei der Verdunstung Kälte entsteht, aber nicht, wenn der so entstandene Sauerstoff sich an der Bildung von Kohlensäure beteiligt oder sich andere Stoffe der Pflanze zu einer neuen kombinieren. Dann entsteht

Wärme, in seinen Worten Wärmestoff, die größer ist als die Kälte durch Spaltung des Wassers und durch Verdunstung.

Ich werde mich nun auf die Suche nach der Herkunft dieser seltsamen Vorstellungen begeben. Dass bei Verdunstung Kälte entsteht, war bekannt. Aber wie kommt er darauf, dass dies auch bei der Spaltung des Wassers in Sauerstoff und Wasserstoff der Fall sein soll? Lavoisier hatte doch gezeigt, dass zur Wasserspaltung eine riesige Energiemenge erforderlich war.

Ihm war sie mit Hilfe einer thermochemischen Reaktion gelungen. Er hatte Wasserdampf durch ein rotglühendes Eisenrohr unter Luftabschluss geleitet, das in einem langen Bett brennender Kohle rotglühend gehalten worden war. Nur ein geringer Teil dieses Dampfes spaltete sich in Wasserstoff und Sauerstoff. Dieser Wasserstoff wurde aufgefangen, das Eisenrohr vom Sauerstoff oxidiert und der übrig gebliebene Wasserdampf kondensiert (Abbildung 11). Erhalten hat Lavoisier nur den Was-

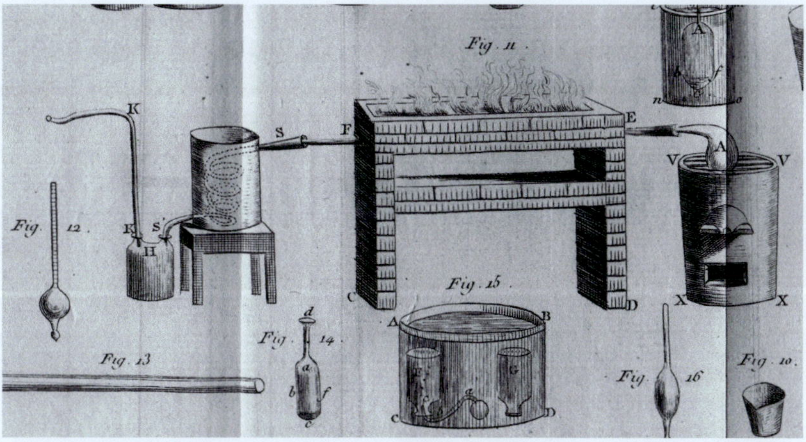

Abbildung 11: Apparat zur Spaltung des Wassers nach Lavoisier. Wasser wird im Ofen VVXX rechts erhitzt, als Dampf über A durch ein Eisenrohr in einem Bett von brennender Kohle geführt. Nicht zersetztes Wasser wird im Behälter H links unten nach Kondensation in einer Glasspirale aufgefangen, der Wasserstoff über die gebogene Glasröhre K nach oben in einen Behälter abgeleitet. Antoine Laurent de Lavoisier, Traité élémentaire de chimie, présenté dans un ordre nouveau et d'après les découvertes modernes. Seconde Édition, Tome Second, Paris 1793, S. 143, Planche VII, Ausschnitt Fig. 11.

serstoff, der Sauerstoff war im Eisenoxid verschwunden. Die im Prozess aufgewandte Temperatur betrug ca. 500° C im rotglühenden Eisenrohr. Bei einer thermodynamischen Wasserspaltung, also ohne die Hilfe von Eisen, das oxidiert wird, müssten 1700° C aufgewandt werden. Der hohe Energiebedarf macht die Wasserstoffgewinnung durch Elektrolyse zu einer teuren Angelegenheit, wie wir aus den Diskussionen um den Ersatz von fossilen Energien wissen.

Solche Details eines riesigen Wärmeaufwandes für die Wasserspaltung wurden von Hassenfratz einfach beiseitegeschoben. Er sah das Ergebnis einer Aufspaltung des Wassers und behandelte es als Spielmaterial für ein Gedankenexperiment ohne Netz und doppelten Boden. So gewann er einen fiktiven Sauerstoff, der beim Experiment Lavoisiers gar nicht frei geworden war, für die fiktive Verbrennung seines fiktiven Kohlenstoffs aus der Wurzel und daraus seine fiktive Wärme für das Pflanzenwachstum.

Einen weiteren Baustein, der zu seinem Gedankengang passt, konnte er einem anderen Experiment Lavoisers entnehmen. Mit Laplace hatte Lavoisier die Menge des ausgeatmeten CO_2 eines Meerschweinchen bestimmt, es zur Messung der aufgenommenen Wärme in einen Eiskalorimeter gesetzt und aus der Menge des geschmolzenen Eises geschlossen, dass es sich bei der Atmung um nichts anderes als um Verbrennung handelt, bei der Wärme entsteht, genauso, wie wenn man Kohle verbrennt. 1790/91 machte er zum Beweis dieser These mit dem Chemiker Armand Séguin (1767–1835) Atmungsversuche und maß dessen Sauerstoffverbrauch unter Belastung.

Daher stammt wohl die Gleichsetzung des Verbrennungsvorgang bei der Atmung von Tier und Mensch mit der Wärmeproduktion beim Pflanzenwachstum. Da an diesem Vorgang nach Ingenhousz jedoch Sauerstoff und Kohlendioxid beteiligt sind und nicht reiner Kohlenstoff, den Hassenfratz für sein Konstrukt benötigte, musste er jetzt noch die Kohlensäure aus der Fotosynthese verschwinden lassen. Sie würde als ein flüchtiges Gas durch die Wärmeproduktion der Pflanze während ihres Wachstums verschwinden, stünde den Pflanzen zur Assimilation somit nicht mehr zur Verfügung. In der Zusammenfassung seiner Ergebnisse war von einer Beteiligung der Blätter an der Kohlenstoffassimilation nicht mehr die Rede. Die Pflanze entledigte sich jetzt des nicht verbrauchten Sauerstoffs und Kohlenstoffs über die Blätter. Sie waren vom Assimilationsorgan zum Ausscheidungsorgan geworden.

Die Pflanzen produzieren also Wärme, wenn sie wachsen. Das hat er ohne eine einzige Temperaturangabe in seinen Versuchen behauptet. Das war ohne Beweise wenig überzeugend, so dass selbst Thaer, der sonst voll auf seiner Seite stand, leise Zweifel angedeutet hat. Hassenfratz hat mit Versatzstücken aus Lavoisiers Experimenten einen phantasievollen Zusammenhang konstruiert. Es ist anzunehmen, dass er die Fotosynthese bei seiner Gleichbehandlung von Licht und Wärme nicht verstanden hat, denn in seinen Versuchsanordnungen war nicht dafür gesorgt, Licht als Akteur auszuschließen, wenn er beweisen wollte, dass Pflanzen wie die Kresse nur Wasser und Luft zum Wachstum brauchen und dabei Wärme produzieren. So wird aus einem durch Licht gesteuerten Gasaustausch eine von Wärme gesteuerte chemische Reaktion im Wasser.

Woher stammt sein Kohlenstoff? Im Mist fand er den endgültigen Beweis für seine These. Er dampfte die flüssige Jauche ein, bis nur noch Asche mit Kohlenstoff übrigblieb. Alle anderen Bestandteile der Jauche einschließlich der Kohlensäure hatten sich buchstäblich in Luft aufgelöst. Da war er, der reine Kohlenstoff, der mit dem Mist durch die Wurzeln „ausgeschöpft" wird. Die Fotosynthese hat damit ausgedient. Ihr Sauerstoff stammt jetzt aus der Spaltung des Wassers, ihr Kohlenstoff aus dem Boden.

Bei der Bestimmung der Kohlenstoffmenge im Samen im Verhältnis zur Menge in der erwachsenen Pflanze konnte es nicht mit rechten Dingen zugegangen sein: „Ich habe gezeigt, ... dass die Pflanzen, die nur im Wasser und in der Luft wachsen, ihr Volumen und Gewicht alleine durch die Mitwirkung des Wassers steigern; und dass sie nach ihrer Entwicklung nur eine ein wenig kleinere Menge an Kohlenstoff enthalten als diejenige, die in ihrem Grundstoff waren". In der ausgewachsenen Wasserpflanze hatte er weniger Kohlenstoff gefunden als im Samen. Das experimentelle Ergebnis von Hassenfratz ist falsch, wenn nicht gefälscht, denn er konnte auf keinen Fall zugeben, dass Pflanzen, die ohne Erde im Wasser wachsen, ihren Kohlenstoff aus der Luft erhalten. Übrig blieb nur der Vorrat im Samen. Der Schweizer Botaniker Nicolas Théodore Saussure (1767–1845) hat die Fehler Hassenfratz' fünf Jahre später in den *Annales de Chimie* nachgewiesen. Saussure hat Minze und Bohnen in Flaschen mit destilliertem Wasser in der Sonne wachsen lassen. Nach Wiegen, Trocknen und Bestimmung des Kohlenstoffs im Rückstand war der Kohlenstoffanteil in den Pflanzen gegenüber dem in ihren Samen eindeutig gestiegen und nicht wie bei Hassenfratz gefallen.[46]

In dieser dritten Abhandlung kommt Hassenfratz schließlich auf die Düngerpraxis der Bauern zu sprechen, denen er nach seinem behaupteten Nachweis der Aufnahme des Kohlenstoffs durch die Wurzeln aus dem Boden sagen kann, alles bei ihrer Praxis der Mistfuhren belassen zu können. Dazu präsentiert er einen schlichten Versuch: Mist, der lange genug verrotten konnte und dem man Wasser zusetzte, hatte Kohlenstoff in der braunen Lösung, der andere nicht. Auf seinen zwei Versuchsfeldern wuchsen die Pflanzen mit feuchtem Mist besser als auf Mist ohne Wasser. Also schließt Hassenfratz, für den Düngereffekt komme es auf die Menge der im Wasser aufgelösten reinen Kohle an. Zum Beweis hat er Mist in verschiedenen Stadien der Fermentation untersucht und nach Abdampfen der braunen Flüssigkeit im wesentlichen Kohlenstoff gefunden. Für Hassenfratz folgt daraus das endgültige Aus für das Kohlendioxid der Fotosynthese. Da die Pflanzen bei Licht keinen Kohlenstoff abgeben, wie Ingenhousz bewiesen habe, könnten Blätter ihn auch nicht produzieren, denn Kohlensäure verflüchtige sich unter Wärmeeinfluss sofort. Also müsse der Großteil des Kohlenstoffs „durch Wasser herbeigeführt und von den Wurzeln ausgeschöpft“ werden.

„Vergleichen wir nun diese Art, den Kohlenstoff der Pflanze zu erhöhen mit dem Sauerstoff, der im Licht, der Kohlenstoff bei Dunkelheit abgegeben wird, und die Wärme der Pflanzen während des Pflanzenwachstums. Der Sauerstoff wird durch die Aufspaltung von Wasser produziert; der Anstieg des Wasserstoffs in der Pflanze durch den Wasserstoff aus der Aufspaltung von Wasser; & Kohlensäure durch den Sauerstoff der Atmosphäre, kombiniert mit einem Teil des Kohlenstoffs, der durch Wasser herbeigeführt & von den Wurzeln ausgeschöpft wird“.[47]

Das war’s. Eine besonders plumpe Versuchsanordnung soll der Fotosynthese den finalen Todesstoß versetzen, indem er „die Pflanze mit einem großen Krug bedeckte, der ein wenig atmosphärische Luft enthielt: nach einer genügend langen Zeit würde das Volumen der Luft im Innern deutlich zunehmen und mehr Sauerstoff enthalten als das ürsprüngliche Gas“. Beide Annahmen erwiesen sich als falsch. Natürlich, denn es fehlte

Licht unter dem umgestülpten Krug. Hassenfratz' Pflanzen brauchten kein Licht, sie brauchten Wärme, die sie beim Wachstum selbst produzierten. Die einzigen Veränderungen, die Hassenfratz unter seinem Krug feststellen konnte, betrafen den Luftdruck und die Temperatur.

Mit dem Bild eines Kohlenstoffs aus Mist und schöpfenden Wurzeln konnte der Bauer etwas anfangen. Aber das Bild war falsch. In Wasser suspendierter Kohlenstoff ist wirkungslos. Sämtliche Versuche mit fein gemahlener Holzkohle waren seit Arthur Young fehlgeschlagen. Hassenfratz hielt trotz aller Fehlschläge daran fest und konnte eine ganze Reihe bekannter Wissenschaftler auf seine Seite ziehen. Darunter war Johann Gotthelf Fischer von Waldheim (1771–1853), der Übersetzer von Ingenhousz' Werk über das Pflanzenwachstum von 1796, ein Freund Alexander von Humboldts, Zoologe, Geologe und Professor für Naturgeschichte in Moskau.

Ausgerechnet er, der den Text von Ingenhousz durch seine Übersetzung gut kannte, konnte es sich nicht verkneifen, in seiner Einleitung die zweifelhaften Argumente für die Hassenfratz' Position zusammenzutragen und die deutschen Leser noch vor der Lektüre auf dessen Verdikt gegen Ingenhousz festzulegen. Darin bezweifelt er einmal mehr die Versuche Youngs, der eine Aufnahme des reinen Kohlenstoffs durch die Wurzel ausgeschlossen hatte, und er hält verschiedene Szenarien einer Aufnahme von Kohlenstoff durch die Wurzeln für möglich: Erstens könne Kohlepulver mechanisch in Wasser zerteilt, von der Pflanze eingesogen werden; zweitens sei es denkbar, dass die Kohle die Zerlegung des Wassers befördere; drittens könne sie bei Berührung mit Luft Kohlensäure bilden; viertens könne sie auf den Wärmehaushalt wirken. Viele Gärtner (nicht Landwirte) berichteten nur Positives beim Einsatz von Kohlenstoff, auch Goethe. Mit dieser ziemlich breiten Palette einer möglichen direkten Wirkung des Kohlenstoffs sollten zahlreiche Einwände gegen Hassenfratz schon vor der Lektüre von Ingenhousz abgeschmettert werden. Sie waren alle falsch. Holzkohlenstaub ist für Gartenerde nicht als direkt wirkender Dünger geeignet, wohl aber zur Bodenverbesserung. An ihm binden sich Mikroorganismen, durch ihn wird ein schnelles Auswaschen von Nährstoffen verhindert. Von den Wurzeln eingesogen wird er nicht. Bei „Berührung mit Luft“ entsteht keine Kohlensäure. Kohle braucht wenigstens 700° C zur Verbrennung. Eine Auswirkung auf den Wärmehaushalt ist kaum möglich, wenn die Kohle nicht verbrennt.

Was hat Hassenfratz vom lichtabhängigen Assimilationsprozess der Fotosynthese übrig gelassen? Am Ende nach stufenweiser Absetzbewegung praktisch nichts. Seine Schlussfolgerung lässt daran keinen Zweifel aufkommen:

„Wir schließen daraus, dass von allen Möglichkeiten, den Anstieg des Kohlenstoffes in den Pflanzen durch das Wachstum zu erklären, diejenige ist, die in direkterer Beziehung zu den Fetten steht, diejenge, die am besten mit allen bekannten Fakten übereinstimmt, die Auflösung von Kohle in Wasser ist, die dann von den Wurzeln eingesogen und im Innern der Pflanzen plaziert wird; und dass so der in Wasser gelöste Kohlenstoff eine der Nährsubstanzen der Pflanzen ist“.[48]

Nun kann man vielleicht besser verstehen, warum die Vertreter der Bodentheorie die Ergebnisse von Ingenhousz zwar akzeptierten, aber sie wie ein lästiges Beiwerk für ihre Praxis, als einen Weg in die falsche Richtung (Thaer) behandelten. Man brauchte Ingenhousz nicht, um über den Dünger den Pflanzen eine beliebige Menge von Kohlenstoff zuzuführen. Das entsprach längst der bäuerlichen Praxis. Ingenhousz war eher ein Ärgernis als ein Ansporn für sauberes wissenschaftliches Arbeiten. Der Kohlenstoff als fixe Idee im Mist reichte, um eine positive Wirkung auf das Pflanzenwachstum zu erklären, dessen Düngerqualität allerdings nicht vom Kohlenstoff, sondern von seinem Gehalt an Kohlensäure, Stickstoff und Mineralien abhängig war. Ingenhousz ließ daran keinen Zweifel aufkommen.

Es finden sich bei ihm erste Ansätze zu einer Theorie des Düngers: „Thierische und vegetabilische Substanzen, wirken wahrscheinlich blos als Düngemittel, wenn sie durch Fäulniß zersetzt werden, während welcher Periode eine große Menge Kohlensäure hervorgebracht wird“.[49] Die Fäulnis werde „fast durch alle Salze befördert“, wenn mit geringer Menge vermischt, mit großer dagegen gehindert. An seinen meist spekulierten Reaktionen sind bei ausreichender Feuchtigkeit und unter Zufuhr von Dünger aus der Tierhaltung neben Kohlensäure stickstoffhaltiger Ammoniak, schwefelsaurer Gips und Kalk beteiligt. Es war ein praktikables Wissen über die Elemente eines wirksamen Düngers, dessen Effekte durch Fäulnisprozesse erklärt werden.

Die Wirkung faulenden Düngers war schon Tausende von Jahren bekannt und wurde in Griechenland in einem rituellen dreitägigen Fest im Oktober zu Ehren der Muttergöttin Demeter mit einem Ferkelopfer gefeiert. Die Ferkel waren vorher monatelang in Gruben oder Höhlen verfault und wurden zusammen mit Körnern vermischt auf das Feld verstreut und so Dank der Göttin eine prächtige Ernte erzielt. Diese rituelle Praxis war wahrscheinlich schon bei den ersten Ackerbauern des 6. Jahrtausends v. Chr. im Südosten Europas verbreitet.[50] Der Einsatz von Mist steht auch in den Versen 70 bis 95 des ersten Gesangs von Vergils Georgica, in denen er die Düngerpraxis bei einem „entkräfteten Feld“ beschreibt und in der schon Kritik an der Praxis der Brache anklingt.

Was für ein Gegensatz zu Hassenfratz. Man muss Ingenhousz lesen, um sich von Hassenfratz zu erholen und zu verstehen, worum es beim Pflanzenwachstum geht. Es ist immer wieder erfrischend, wenn Ingenhousz ein kompliziertes Geflecht verquaster Argumente seiner Gegner mit einfachen Beobachtungen konterkariert, wie zum Beispiel: Da Pflanzen sich nicht wie die Tiere von der Stelle bewegen könnten, sie „aber nur mit zwo Substanzen in Verbindung stehen, mit der Erde und der Atmosphäre, so muß ihre Nahrung entweder von der einen oder von der anderen, oder von beiden zugleich kommen“.[51] Die Erde halte die Pflanzen mit ihren Wurzeln fest, sie enthalte Feuchtigkeit, Salz, Luft usw. Weil es aber Pflanzen gebe, die auch ohne Erde wachsen, „müssen wir es als ausgemacht ansehen, daß die Erde, oder was in derselben ist, nicht der einzige Nahrungsstoff der Pflanzen sei“.[52] So einfach, so klar.

Wasser sei zwar nötig als Vehikel für Stoffe, aber man könne keineswegs daraus folgern, „daß es die wahre Nahrung der Thiere oder Vegetabilien sei“. Es sei die zersetzte Luft, besonders Kohlenstoff und Sauerstoff als Hauptnahrung der Pflanzen, aus denen sie Säuren, Öle und Schleim produzierten. Schleim stand für eiweißhaltige Bestandteile, die erst Einhof als solche erkannt hat. Auch „Azot“ (Stickstoff) stammt für Ingenhousz aus der Atmosphäre, was aber nur für Hülsenfrüchtler gilt. Was mit dieser Nahrung im Innern der Pflanze passiere, erschließe sich nicht, sagt Ingenhousz, genau so wenig wie die Ernährung eines Menschen mit Reis und Wasser. „Dieses Geheimniß liegt außer den Grenzen unseres eingeschränkten Verstandes“.[53] Ingenhousz gibt Nichtwissen zu, Hassenfratz spekuliert darüber hinweg. Durch einfachen Vergleich mit der wasserunlöslichen Holzkohle bezweifelt Ingenhousz wie Arthur Young die Aufnahme von reinem Kohlenstoff aus der Erde, und er bezweifelt das Vorhandensein von reinem Kohlenstoff in der Gülle. Bei der Fäulnis entstehe viel Kohlensäure, aber kein reiner Kohlenstoff, wie Hassenfratz nach der Verdampfung von Gülle postuliert hatte.

Ingenhousz stellt auch Überlegungen zum Nutzen der Brache an, die er mit einem Experiment überprüft.[54] Soll man das Feld einfach liegen lassen, ohne das Unkraut unterzuhacken? Ist es das Unkraut, das dem Boden die Kraft wiedergibt oder ist es die umgebene Luft, aus der der Boden neue Kräfte zieht? Dazu macht er Versuche mit einem Blumentopf voll gut gedüngter Gartenerde unter einer Glasglocke. Ergebnis: „Der Boden zieht den Sauerstoff aus der Atmosphäre". Brachliegender Boden zieht mehr Sauerstoff an als der bepflanzte, aber nicht, wenn er trocken ist und nur, wenn er vor der Aussaat gedüngt wird. Er schlägt Versuche mit konzentrierter Salzsäure und mit Schwefelsäure vor, vermischt mit Erde und Sand und etwas Salpetersäure. Ein paar dieser Versuche hat er mit Nathaniel Dimsdale (1748–1811) gemacht, dem Bankier und Arzt und ersten Präsidenten des *Boards of Agriculture,* der nach der Pockenimpfung Katharinas der Großen und der Zarenfamilie 1768 Baron geworden war. Ingenhousz rechnet die Versuche sogar ökonomisch durch, um wirtschaftliche Argumente für die Abkürzung oder Vermeidung der Brache ins Feld führen zu können. Er glaubt, es sei besser, mit Säuren „Sauer"stoff zuzufügen, statt abzuwarten, dass der Boden ihn nach Beackern aus der Luft entnimmt, wo er mit Kohlenstoff Kohlensäure bildet, der von den Wurzeln aufgenommen werden kann. Er nennt dieses Vorgehen „oxygeniren". Die Vorstellung eines Sauerstoffs als charakteristisches Merkmal von Säuren stammt von Lavoisier und ist nicht korrekt. Die Säureeigenschaft wird durch den Wasserstoff bestimmt. Ingenhousz war schon aufgefallen, dass sich Salzsäure (HCL), obwohl eine Säure, nicht zur Düngung eignet, und sich darüber gewundert, dass die Pflanzen trotzdem Salz (NaCL) enthalten. Er arbeitete bei seinen Düngeversuchen deshalb statt mit Salzsäure mit hypochloriger Säure (HOCl), die Sauerstoff enthält. Sein Vorgehen hat er im Dezember 1794 in einem Brief an den Gründer des *Boards of Agriculture* John Sinclair beschrieben.

Darin sprach er vom „wohlthätigen Einfluß der alkalinischen und anderer Salze auf die Beförderung der Vegetation".[55] Das beste Ergebnis von allen Neutralsalzen erzielte er mit Glaubersalz (Natriumsulfat, Na_2SO_4)

nach vorherigem Einweichen der Samen in „oxygenirter Kochsalzsäure" (Hypochlorige Säure, HOCl). Er war bereits auf dem Weg zu den Mineralien, aber man gewinnt nicht den Eindruck dass er die Salze selbst als essentiellen Nährstoff in den Blick genommen hat, sondern sie über den Umweg des „säuernden Prinzips", des Sauerstoffs der eingesetzten Salze, erklären wollte, mit ungebremster Begeisterung für die Säuretheorie Lavoisiers, die die chemische Nomenklatur so einfach gemacht hatte. Salze als Sauerstoffspender für den Kohlenstoff im Boden, der, zu Kohlensäure geworden, von den Wurzeln eingesogen werden kann und die Wirkung der Fotosynthese verstärkt. So erklärte sich Ingenhousz die Wirkung alkalischer Dünger.

Das waren die beiden aktuellen Grundpositionen der Wissenschaft, Ingenhousz und Hassenfratz. Ingenhousz mit sauberer, überprüfbarer Methodik und Hassenfratz, der über Versuche redet, ohne sie für eine Nachahmung zu beschreiben. Ingenhousz, der Fakten aus Experimenten liefert, und Hassenfratz, der Ergebnisse nennt, aber den Weg dahin mit Spekulationen pflastert. Er inszenierte sich leider erfolgreich als Vertreter der neuen Chemie, die er mit unwissenschaftlicher Methodik in die Welt setzte. Die Qualitätsunterschiede sind unübersehbar, sie hätten es auch für ihre wissenschaftlichen Zeitgenossen sein müssen. Die meisten erkannten sie nicht, und das lässt eine Diagnose über eine Wissenschaft zu, die sich zur Leitung der landwirtschaftlichen Praxis aufschwingen wollte. Sie war weder in ihrer Methodik noch in ihren Grundlagen gefestigt, und sie ging einem wissenschaftlichen Scharlatan auf dem Leim. Ingenhousz hätte ihr methodisches Vorbild sein müssen, wenn sie es mit Wissenschaft wirklich ernst genommen hätten. Die wenigen Wissenschaftler, die Ingenhousz folgten, wurden für eine lange Zeit ignoriert. Landwirtschaftsrefomer wie Thaer konzentrierten sich auf Bodenbearbeitung und Düngerpraxis.

Die Physiologie der Pflanzen, zu deren Verständnis die Fotosynthese von Ingenhousz den entscheidenden Anstoß gegeben hatte, blieb ein Stiefkind der Forschung.

Dünger und Boden: Thaer, Einhof, Sprengel

Botanik war ihm zu steril, das Blumenbeet zu kleinlich, der Garten zu eng. Also ruhte er sich von seiner Arbeit als Arzt in Celle hinter einem schottischen Pflug auf frisch erworbenem Acker aus. So beschreibt Albrecht Thaer seine Erweckung zum Bauern und ärgerte sich fortan über den Schlendrian, den er in seiner ländlichen Umgebung beobachtete, und über die sich widersprechende Beliebigkeit der Empfehlungen von landwirtschaftlichen Autoren. In den Veröffentlichungen des britischen *Board of Agricultur* war er endlich fündig geworden und hat 1798 eine Auswahl für „denkende Landwirthe und Cameralisten“ in Deutschland veröffentlicht.[56] Sie sollten von den Engländern lernen, vor allem von deren experimentellen Methoden, aber auch von ihren technischen Fortschritten beim Bau von Ackergeräten (Abbildungen 12 und 13, S. 56).

Thaer hat sich in einem Exkurs über den Wert von Theorien für die Praxis für Hassenfratz entschieden und Ingenhousz als ernst zu nehmenden Wissenschaftler regelrecht vernichtet. Das macht er mit Kohlenstoff im Mist und mit einem Lob auf die „practischen Landwirte“ mit ihrem Glauben an den Dünger:

Abbildung 12: Der Small'sche Pflug. Thaer beginnt seine Beschreibung der Ackergeräte bewusst mit dem Small'schen Pflug, der in Schottland bereits fabrikmäßig hergestellt wird und dadurch eine gleichmäßige Qualität garantiert. Bei ihrer Herstellung durch Stellmacher weichen die Modelle voneinander ab, auch wenn sie gleich aussehen mögen, mit spürbaren Auswirkungen auf ihre Handhabbarkeit. Diese Art der Schwingpflüge, im Gegensatz zu den Räderpflügen, sind in Deutschland noch nahezu unbekannt. Man kann Schwingpflüge mit Schlitten vergleichen. Es ist ein Vorurteil zu glauben, dass Räder die Zuglast vermindern. Diese hängt von der Beibehaltung der Zurichtung ab und nicht davon, dass das Gewicht der Pflugschar durch die Räder gemindert wird. Mit einem Schwingpflug ist die Richtung mit weniger Kraftaufwand beizubehalten als mit einem schweren Vorgestell aus Rädern. Bei „losem Boden“ ist die Gefahr besonders groß, dass die Räder zu tief in den Boden eindringen, was der Pflüger auch mit großem Kraftaufwand nicht mehr verhindern kann. Trifft die Pflugschar auf einen Stein, ist es mit dem Schwingpflug durch einen einfachen Druck nach oben möglich, die Schar nach unten zu senken und den Stein anzuheben.

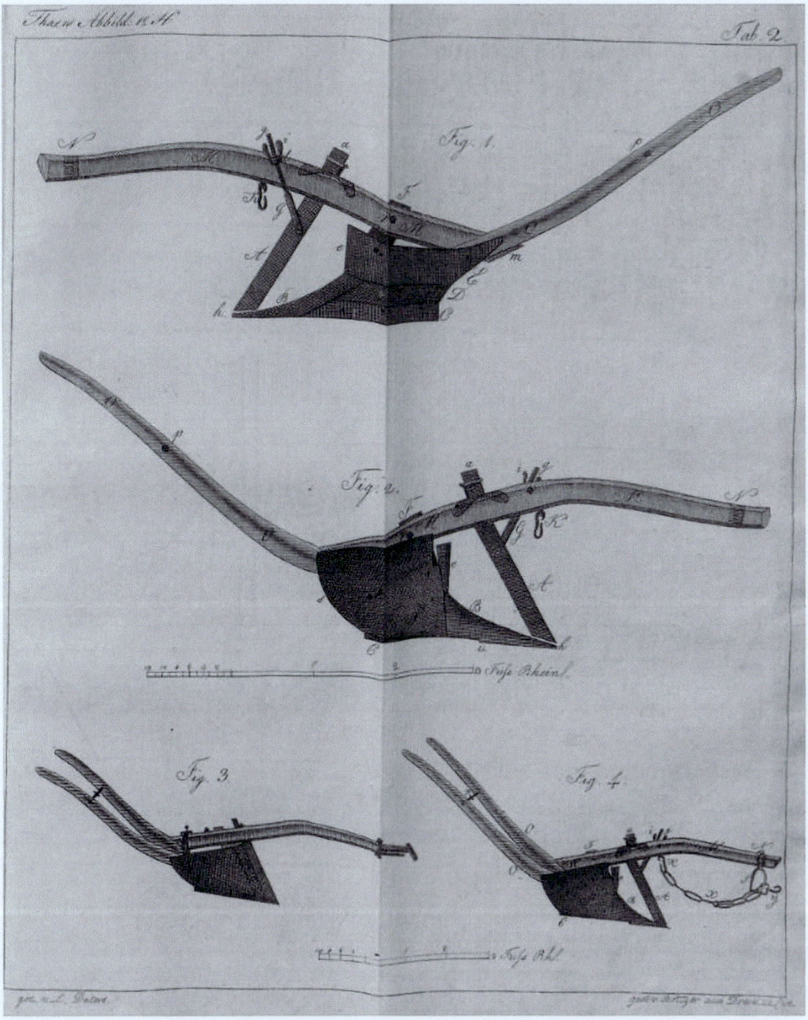

Steine oder Wurzeln bleiben im Rädergestell hängen und müssen entfernt werden. Für's Tiefpflügen hat Thaer einen rechtswendenden Beetpflug verwandt, der sich noch in der Sammlung der Landwirtschaftlichen Akademie Reichenow – Möglin befindet (Dr. A. Thaer's Beschreibung der nutzbarsten neuen Ackergeräthe. Hannover 1803, Erstes Heft, Tafel 2).

„In einer dritten Abhandlung zeigt nun Hassenfraz (!), woher die Pflanzen den zu ihrer völligen Entwickelung und besonders zum Fruchttragen erforderlichen Kohlenstoff nehmen, nämlich aus dem mit dem Boden

Abbildung 13: Räderpflug. Lithographie Feldbau 1835. Georg Ebnersche Kunsthandlung Stuttgart.

vermischten Rückständen der animalischen und vegetabilischen Fäulung oder dem Miste. Dieser enthält nämlich den Kohlenstoff in reichlicher Menge, und auf eine vom Wasser unauflösliche Art. Nach manchen Verirrungen der Speculation, wären wir also zum alten Glauben practischer Landwirthe, daß das Fruchttragen größtentheils vom Dünger abhänge, zurückgekehret. Wir werden indessen unten hören, daß dem Erdboden allerdings auch Kohlenstoff auf andre Weise mitgetheilt werden könne".[57]

„So scharfsinnig diese Theorie (Ingenhousz) schien, so widersprach sie doch zu sehr der allgemeinen Erfahrung über den Nutzen und die Unentberlichkeit des Mistes, als daß sie vielen Glauben hätte finden sollen. Theorien können uns oft Richtwege zeigen, wodurch wir schneller und mit geringerem Aufwande zum Zwecke gelangen, als auf der gebahnten Straße. Indessen ist es doch rathsam, sich immer nach dieser umzusehen, und mißtrauisch zu werden, wenn uns jene nach einer ganz entgegengesetzten Richtung führen. Ganz vom Zwecke aber führt, in allen auf Erfahrungen beruhenden Künsten, die gebahnte Straße nicht".[58]

Die gebahnte Straße der Erfahrungen war die, von denen er die Bauern eigentlich abzubringen hoffte, da sie als Ursachen für Misserfolge oder mickrige Ernten nicht ihre Bodenbearbeitung und freihändige Düngerpraxis sehen wollten. Warum führte er gerade sie gegen Ingenhousz ins Feld? Er glaubte wohl, mit Hassenfratz eine Theorie zur Verfügung zu haben, die die bäuerliche Praxis korrekt abbildete, während Ingenhousz eine praxisferne, und daher für eine Erfahrungswissenschaft zwar scharfsinnige, aber untaugliche Theorie vertrat. Hatte diese Festlegung auf Hassenfratz negative Auswirkungen auf seine Düngerempfehlungen? Hat sie bessere Lösungen ausgebremst? Oder blieb sie ohne Folgen, wie es Thaer vorausgesagt hat? Zunächst einmal passierte nichts, weil der Weg vom Misthaufen zum Acker kürzer und seit alters her bekannt war, während der Umweg über ein tieferes Verständnis der Pflanzenernährung durch ein Dickicht noch unverstandener Zusammenhänge führte. Der Praktiker Thaer wollte sich damit nicht beschäftigen. Allerdings lief er Gefahr, neue Erkenntnisse, die auf der Basis der Fotosynthese mit Ingenhousz und nicht gegen ihn zustande kommen würden, für die Praxis nicht wahrzunehmen oder eben als irrelevant zu erklären. Thaers intensive Beschäftigung mit Kohlenstoff im Dünger war jedenfalls der Schwerpunkt, den Hassenfratz gesetzt hatte. Der Kohlenstoff beförderte andere Bestandteile an den Rand des Blickfeldes.

Ein Ergebnis seiner Bevorzugung der Bodentheorie war die Bewertung von Schaf-, Kuh- und Pferdemist nach seinem Kohlenstoffgehalt. Unter Berufung auf Analysen des irischen Chemikers Richard Kirwan (1733-1812) entstand eine Rangfolge. Am wirksamsten war der Schafmist, gefolgt von Pferdemist und als Schlusslicht dem Kuhmist. Bei der Wirkungsdauer war es umgekehrt. Warum das so war, wurde von Thaer nicht reflektiert. Wahrscheinlich war der Kuhmist am stärksten von Stroh durchsetzt, der die schnelle Wirkung verhindert, und die langfristige durch das allmähliche Verrotten des Strohs zu erklären. Thaers praktischen Vorschläge zur Bereitung und Ausbringung des Mistes lassen keinerlei damit verbundenes Wissen über seine chemische Zusammensetzung und den Fäulnisprozess erkennen. Bei der Düngung mit Hornspänen wird die Wirkung völlig korrekt auf ihren Gehalt an Stickstoff („Azote") zurückgeführt. Zerstoßene Knochen haben bei ihm die Wirkung des Kalks. Dass Knochenasche auch Phosphor in Form von Calciumphosphat enthält, war ihm anscheinend nicht bekannt. Vom Gips weiß er, dass er ungebrannt und zu Staub zermahlen, im Frühjahr zur Zeit der lebhaftesten Vegetation auf die Blätter von Klee und Hülsenfrüchten bei feuchter Witterung aufgebracht, eine „lebhafteste Vegetation" fördert, ein „die Vegetationskraft aufreizendes Mittel". Hülsenfrüchte waren in der Lage, den Stickstoff aus der Luft zu binden. Ungebrannter oder halbgebrannter Gips war noch nicht ausreichend untersucht worden. Anders beim ungebrannten Kalk (Calciumcarbonat). Dessen Wirkung ist deutlich geringer als die des gebrannten (Calciumoxid). Beide wirken ätzend, erhöhen den pH-Wert und lockern schwere Böden. Ausgelaugte Seifensiederasche ist ein sehr wirksamer Dünger auf Grasland und in Vermischung mit Mist und Erde „untergeegget" für den Acker, und das obwohl sie kein alkalisches Salz mehr erhält. Thaer wusste nicht, dass beim Prozess des Auslaugens der Pottasche (Kaliumkarbonat) gebrannter Kalk hinzugesetzt worden war. In der ausgelaugten Asche befanden sich also noch Reste der Pottasche, von gelöstem gebrannten Kalk und Mineralien aus dem Holz der Pottasche. Beim Ölkuchen und bei Seepflanzen ist der wirksame Anteil „Schleim", also Eiweiß. Ölkuchen ist der Trester, der nach Auspressen ölhaltiger Früchte wie Raps und Oliven übrigbleibt. Er enthält viele Mineralien, mit seinem Eiweiß Stickstoff und mit seinen Fetten Kohlenstoff.

Mit Seepflanzen meint Thaer entweder den Seetang, dessen Wirkung als Dünger auf seinem Gehalt an Mineralstoffen und Polysacchariden beruht, oder mit seinem Hinweis auf Schottland speziell den an seinen steinigen Küsten als Unterwasserwälder wachsenden Tang, den sogenannten Kelp, aus dem Soda (Natriumkarbonat) gewonnen wurde. Mit seinem Sammeln waren die 15 000 während der *Highland Clearances* auf den riesigen Besitzungen des Duke of Sutherland (1758–1833) von ihren Äckern auf brutalste Weise vertriebenen Bauern beschäftigt, bevor sie sich halb verhungert auf den Weg nach Amerika machten.

Ruß und Holzasche sind gute Dünger, weil sie „die wesentlichen Stoffe der Pflanzennahrung in einer concentrirten Gestalt" enthalten. In Holzasche sind sehr viele Mineralien und Spurenelemente, die Thaer hier wahrscheinlich unreflektiert als Nahrungsmittel bezeichnet, während sonst Salze und Mineralien nur als Reizstoffe fungieren. „Sood" (plattdeutsch für gestochene Rasenstücke) wirkt auf Böden, die neu umgebrochen werden. Sie werden angezündet, abgelöscht und untergepflügt. Drei Jahre lang gibt es reiche Ernten, dann ist Schluss, und der Boden kann nie wieder fruchtbar gemacht werden, wenn nicht von Anfang an mit Mist gedüngt wird.

Die Wirkung des Kalks kann er sehr genau einschätzen. Es gibt mineralische Dünger, sagt er, „diese beruhen hauptsächlich auf Kalk. Denn die Aufbringung anderer Erdarten ist wohl als Verbesserung des Bodens zu betrachten; nicht aber als eigentliche Düngung".[59] Mineralischer Dünger löst abgestorbene Körper auf, bindet überflüssige Säure, zerstört Unkraut, und er wirkt nur dann richtig, wenn er kleingemahlen sofort aufgebracht und in die Erde untergemischt wird. Sonst nimmt er Sauerstoff auf und seine Wirkung verpufft. Denn die Aufgabe des Kalkes ist es, der Gärung zur Hilfe zu kommen, sie „mit zureichender Kraft rege zu machen".[60] Thaer begreift den Kalk als eine Substanz, die nur indirekt wirkt, indem sie den Boden lockert, Säure bindet und Gärung und Verwesung fördert. Das war gut beobachtet, denn Kalk wirkt über die Beeinflussung des pH-Wertes auf viele chemische Prozesse im Boden und im Mist.

Dasselbe gilt für Mergel. Mergel wirkt wie Kalk mit dem Vorteil, dass er von alleine zerfällt. Den Kalkanteil im Mergel kann der Bauer mit Salpetersäure selbst bestimmen und so verhindern, dass mit einem falschen Mergel mit zu geringem Kalkanteil gedüngt wird. Dessen Wirkungslosigkeit musste Thaer in Westfalen häufig beobachten. „Ausgemergelt" wird ein Boden auch dann, wenn er nicht im Anschluss an den Mergeleintrag tierisch gedüngt wird, sondern sich durch mehrjährige Weizenaussaaten ohne zusätzliche Düngung erschöpft. Er wird nie wieder fruchtbar, sein dünner Humus (Dammerde) ist für immer verloren. Der uralte Begriff Dammerde stammt aus dem Bergbau und bezeichnet die auf dem Gestein aufliegende fruchtbare Erde.

Die Wirkung weiterer Düngemittel ist völlig unklar, was beim Stand der Chemie und Pflanzenphysiologie nicht weiter verwunderlich ist, zu kompliziert sind die Prozesse, die im Boden und in den Pflanzen ablaufen. Gips (Calciumsulfat) zum Beispiel wirkt, aber Thaer weiß nicht, welcher der beiden Bestandteile, Kalk oder Schwefel, einen positiven Einfluss auf die Blätter hat, weniger auf die Wurzel. Er ist „ein die Vegetationskraft aufreizendes Mittel".[61] Er wirkt „wie gewisse Salze". „Diese vom Kochsalz abgeschiedene Salze sind, wie der Gyps, schwefel- oder vitriolsauer", also Sulfate. Aber sie wirken, wie die Praxis zeigt. Sulfate wirken vor allem auf junge Blätter.

Zusammenfassend hält Thaer fest: „Die eigentliche Befruchtung des Erdbodens zur Nahrung der Pflanzen wird also durch die Beymischung verwesender organischer Körper bewirket. Die mineralischen Beymischungen dienen entweder nur, dem Erdboden eine bessere Consistenz zu geben, oder sie wirken als auflösende und Verwesung befördernde Mittel, die allemahl solche Bestandtheile, welche aufgelöset und zur Pflanzen-Nahrung verwandt werden können, voraussetzen".[62] Mit diesen Erfahrungen kann man arbeiten, aber Wissenschaft ist es nicht, solange die Mineralien nicht als Nährstoffe betrachtet werden. Die Kenntnis biochemischer Prozesse in der Pflanze lagen noch völlig im Dunkeln. Thaer ist mit seinen Vorschlägen gerade erst dabei, die Kunst des Ackerbaus bis zu dem Punkt zu treiben, an dem eine wissenschaftliche Behandlung der Probleme überhaupt erst möglich wird. Ein Schutz der Bauern vor vermeintlich fehlgeleiteten Vorschlägen aus der Wissenschaft gehörte dazu. Bauern brauchen klare Regeln, und sie hassen Debatten, denen sie auf Grund ihrer Vorbildung nicht folgen können.

Diese Haltung ist gut an Thaers Behandlung der Wirkung der Luft auf den Boden zu erkennen. Bei der Düngung, die aus der Atmosphäre stammt, bleiben die Akteure, „des Licht- und Wärmestoffes auf die Pflanzen selbst" außen vor. Übrig bleibt die „kohlensaure Luft" (Kohlendioxid), die direkt den Boden düngt. Die kohlensaure Luft gibt es überall, besonders viel in stark bewohnten Gegenden, sie entsteht bei der Verbrennung von Kohle, durch die Atmung der Tiere, sie entsteht, wenn Säure auf Kalk gegossen wird, und sie ist in mineralischen Wassern enthalten. Obgleich Hassenfratz die „Zersetzung der Kohlensäure durch die Vegetation" vor allem wegen des Wärmestoffs „anscheinend" widerlegt habe, folge daraus nicht, dass ihre Zersetzung auch im Boden unmöglich sei.[63] Wie die Kohlensäure in den Boden gelangen könnte, wird von Thaer in einer in sich schlüssigen Reihe von Spekulationen beantwortet, deren Grundannahmen allerdings alle falsch sind:

„Die Kunst hat schon die kohlensaure Luft zerleget, und Kohle aus ihr dargestellet; wie viel mehr wird dies die Natur in ihrem großen Laboratorium, aber nach ihrer gewohnten Art, durch langsame Processe,

thun. Hiermit stimmen auch die Resultate neuerer Versuche überein, nach welchen die Pflanzen unter einer mit kohlensaurer Luft angefüllten Glocke zwar unmittelbar abstarben, hingegen stärker wuchsen, wenn man den Erdboden oder das Wasser, womit sie begossen wurden, damit beschwängerte. Und so ließe sich dann auch erklären, wo die große Menge täglich entwickelter Kohlensäure bleibt. Sie wird nämlich im Erdboden abgesetzt, darin zerlegt, und der Kohlenstoff zur Nahrung der Pflanzen verwandt.
Es ist daher wohl außer allen Zweifel gesetzt, daß es vozüglich dieses Princip sey, was der, der Atmosphäre ausgesetzte Erdboden aufnimmt, und wodurch er mehrere Fruchtbarkeit erlanget".

Für die Praxis folge daraus: Je größer die Oberfläche des Ackers, desto mehr Kohlensäure wird er aufnehmen, also müsse man tief und mit großen Furchen vor dem Winter pflügen, den Boden locker halten und den schon bestellten häufig behacken.

Das ist ein Beispiel dafür, wie eine aus Erfahrung gewonnene sinnvolle Praxis mit einer von Grund auf falschen Theorie begründet wird, ohne dass der Fehler dem Praktiker auffallen muss. Der Kreislauf des Kohlenstoffs läuft keinesfalls so wie von Thaer beschrieben. Richtig an seiner Vorstellung ist nur, dass es Kohlenstoff im Boden geben muss. Er ist jedoch sicher nicht „durch Absetzen der Kohlensäure auf den Boden" dahin gelangt. CO_2 verbleibt als Spurengas in der Atmosphäre. Sein Kreislauf beginnt mit Ingenhousz in den grünen Teilen der Pflanze, gelangt von da in die Wurzeln und in den Boden und durch die Bodenatmung nach einer Verweilzeit zwischen Stunden und Tausenden von Jahren wieder in die Atmosphäre. Im letzteren Fall entstehen Torfe und Moore.[64] Im Boden ist der Kohlenstoff den Aktivitäten von Mikroorganismen, von Gärungs- und Oxidationsprozessen unterworfen, und diese bleiben natürlich nicht unbeeinflusst von der Art der Bodenbearbeitung, der Wasserversorgung, des Unterpflügens von Pflanzenresten und von der Düngung.

Eine leise Kritik an Hassenfratz klingt hier an. Thaer ist anscheinend nicht ganz davon überzeugt, dass der Wärmestoff die Zerlegung der Kohlensäure durch die Pflanzen verhindert. Das war eines der Hauptargumente, mit denen Hassenfratz sämtliche Wirkungen der Fotosynthese vernichtete. Irgendwoher mussten die großen Mengen des Kohlenstoffs der Dammerde, des Humus der oberen Erdkrume, mit denen es der

Bauer zu tun hatte, ja kommen. Also schloss Thaer, könne er nur aus der Atmosphäre stammen und ohne die Fotosynthese der Pflanzen im Boden verschwinden. Der auf lange Sicht schwerwiegende theoretische Fehler blieb so lange ohne Folgen für die Praxis, wie nur kryptische Kenntnisse vom Pflanzenwachstum und von chemischen und mikrobiologischen Vorgängen im Boden vorlagen. Es ging noch um die Beseitigung grober Fehler, besonders ins Auge fallend die mit der Sprache der Bauern verbundenen Fehleinschätzungen bei der Klassifizierung der Böden.

Ihre Sprache richte großes Unheil an, so Thaer. „Die Sprache der Landwirthe vom Boden ist das verworrenste Geschwätz, was es in irgendeiner Kunst noch gibt; und nichts kann unbestimmter seyn, als die Art wie die Ausdrücke von *heissen, kalten, sauern, süßen, salpetrigen, leichte, schweren* u.s.f. Boden gewöhnlich gebraucht werden".[65] Sie seien nicht per se falsch, würden aber mit falschen Vorstellungen verbunden, und diese Bezeichnungen gründeten sich auf leere Mutmaßungen und ein unsicheres Gefühl. Kurz: Ohne genaue Kenntnis des Bodens gibt es keinen adäquaten Dünger. Ein Landwirt, der für höhere Erträge von der althergebrachten und von seinen Nachbarn weiter praktizierten Produktionsweise abweichen wolle, müsse sich wegen der Fehleinschätzung seines Bodens erst jahrelang mit oft misslungenen Versuchen herumplagen.

Thaer nennt unter Rückgriff auf die Engländer mit ihren „festeren Begriffen" sieben Punkte, auf die es bei der Beurteilung des Bodens ankommt, und unterscheidet letztlich Tonerde, Kieselerde, Kalkerde und Bittererde, letztere ist eine magnesiumhaltige Talkerde aus Magnesiumsilikathydrat. Die Erden sind oft gemischt. Und wieder sei ihr Hauptbestandteil der Kohlenstoff. Es sind jedoch die Silikate. Kohlenstoff in großen Mengen gibt es nur in der oberen Erdkrume, im Humus, der aus abgestorbenen organischen Resten besteht. Von anderen Bestandteilen im Boden hat Thaer nur ungefähre Vorstellungen, vor allem ist ihm noch überhaupt nicht klar, welche Bedeutung sie für die Pflanzenernährung haben könnten. Klar ist, dass ohne eine genauere Kenntnis des Bodens keine adäquate Düngung erfolgen kann und dass hinter Thaers Entrüstung über das Bauerngeschwätz der Wille zu einer rationalen Landwirtschaft steckt, in der Boden und Dünger sich für eine optimale Wirkung ergänzen. In der wissenschaftlichen Begründung ihres Zusammenspiels blieben noch viele Fragen offen.

Chemische Untersuchungen des Bodens wurden zwar bereits gemacht, aber sie waren oft noch sehr kompliziert und wenig praxistauglich. Der irische Chemiker Richard Kirwan (1733–1812), der es für Landwirte versuchte, hatte laut Thaer wahrscheinlich wenig Ahnung von Landwirtschaft.[66] Thaer bietet eine Laboranleitung mit einfachen Mitteln, mit der der Bauer sich eine Ahnung von den Eigenschaften seines Bodens verschaffen kann, über seine „Wasserhaltungskraft“, seinen Gehalt an Fasern. Aber schon bei der Bestimmung der Salze, des Gipses und des „Extractivstoffes“ aus dem Humus muss er den Bauern im Stich lassen, zu kompliziert sind die Analysen. „Die wasserhaltende Kraft“ des Bodens ist für Thaer eines der wichtigsten Kriterien zur Beurteilung seiner Fruchtbarkeit, für Tonerde ist daher das Wissen um die Sandmenge wichtig, die er enthält. Eine einfache Untersuchung kann dem Bauern bei der Beurteilung helfen, der sie üblicherweise in den Mund nimmt. Wenn er trocken ist „hängt er sich an die Zunge; im Mund zerfließt er, und die Menge der darin enthaltenen Sandkörner läßt sich durch das Knirschen zwischen den Zähnen ungefähr schätzen. Feucht hängt er sich hartnäckig an alles. Im Feuer erhärtet er und wird zum Ziegel. Wenn er ohne Kalk ist, braußt er nicht mit Säuren“.[67] Der Bauer solle die Tonerde wiederholt „abschlämmen“. Dabei falle der Sand zu Boden, wenn er eine Zeit lang gestanden hat, und könne gewogen werden. Die Untersuchungsmethode sei zwar nicht völlig genau, denn die Tonerde enthalte zu drei Viertel innig vermischte Kieselerde, aber er halte „diese Abscheidung in Rücksicht auf den Ackerbau beynahe für hinreichend“. Das Abschlämmen war eine Methode, die schon seit Hunderten von Jahren in den Probierstuben der Bergwerke zur Herstellung eines sandfreien Dichtungslehms für Destillierkolben gebräuchlich war.

An diesem Beispiel des Klay (Tonerde) sieht man besonders gut, wie sich der Bauer mit Feuchtigkeit, Klima und dem Zeitpunkt fürs Pflügen herumzuschlagen hat. Er muss mit einer teigigen Ackerkrume fertigwerden, die an der Pflugschar hängen bleibt und sich kaum mit der Hacke zu einer feinen Krume verkleinern lässt. Die meiste Tonerde ist in der Sprache der Landwirte „kalt und widerspenstig“. Sie wird bei Trockenheit rissig, bei Nässe teigig. Verbessern lässt sie sich nur „durch Überfahren von sandigen und kalkigen Erden“, die durch „oft wiederholtes flaches Pflügen und scharfes Eggen innig mit ihm vermischt werden müssen“. Sie braucht reichlich Mist, der durch seine Gärung den Boden zerteilt. Je größer die Oberfläche, je höher die Furchen, desto mehr Wirkung. Also „häufiges Behacken".

Das ist viel Arbeit für eine Ertragssteigerung, die nicht jeder Bauer investieren konnte oder wollte, vor allem wenn ihm die Verfügbarkeit über den Boden in der Dreifelderwirtschaft, wie bei der Vöhde in Westfalen, wieder entrissen wurde. Belohnt für Anstrengungen zur langfristigen Bodenverbesserungen, wissenschaftlich befürwortet und in der Praxis bewährt, wurde dann nicht derjenige, der sich angestrengt hatte, sondern der bequeme Schlaumeier, der warten konnte, bis er an der Reihe war. Für Thaer und Schwerz waren solche Zusammenhänge so eindeutig, dass sie zu Verfechtern des privaten Grundbesitzes wurden, am besten eines großen, auf dem die Mittel bereitgestellt werden konnten, die für eine intensivierte Landwirtschaft erforderlich waren. Thaer zählte dazu die Stallfütterung mit Futteranbau und die Abkehr von jeder Art von Wechselwirtschaft, wenn sie mit einem Wechsel der Nutzungsberechtigten verbunden war. Schwerz konnte die Gewohnheitsrechte des abziehenden Pächters in einigen Teilen Westfalens kaum fassen, der seinem Nachfolger eine Wüstenei auf dem Acker und ein leergeräumtes Waldstück hinterlassen durfte.

Thaer wird nach praktischen Erfahrungen, Feldversuchen und Inspektionsreisen zum Propagandisten für den Mergel als einem idealen Bodenverbesserer, falls mit ihm korrekt umgegangen und er auf seinen Kalkgehalt überprüft würde. In einem Vortrag vor der landwirtschaftlichen Gesellschaft, einer „Hochverehrlichen Gesellschaft" in Freienwalde an der Oder 1812, erläutert Thaer die Wirkung des Lehmmergels auf das Pflanzenwachstum, eine „Melioration", die er noch einmal in Erinnerung rufen möchte. Zu dieser Zeit war er außerordentlicher Professor an der Berliner Universität und hielt für Studenten der „Cameralistik" Vorlesungen über Landwirtschaft.[68]

Diese Melioration zeigt den großen Aufwand, der für eine langfristige Verbesserung getrieben werden musste. Der Übergang von blindem Werkeln zu einem auf Erfahrung beruhenden experimentellen Vorgehen bei der Düngung kostete Arbeit und brauchte Kapital.[69] (Abbildungen 14 und 15)

Abbildung 14: Mergelgrube Doberg bei Bünde in Westfalen. Postkarte

Abbildung 15: Senner Pferde um 1860. Carl Rötteken, Gustav Quenteil. Öl auf Leinwand. Lippisches Landesmuseum Detmold. Wikimedia commons. Die Senne liegt am Westhang des Teutoburger Waldes. Ihr Sandboden ist nährstoffarm und wasserdurchlässig. Es ist eine Heidelandschaft, die zu Thaers Zeiten mit Plaggendüngung und mit dem am eiszeitlichen Gletscherrand zurückgelassenen Geschiebemergel „durch Lehm Auffahren" fruchtbar gemacht wurde.

Mergel sei eben nicht gleich Mergel, sagte Thaer den versammelten Mitgliedern der Landwirtschaftlichen Gesellschaft:

„... Man hat diesen merglichten Lehm lange verkannt, indem man sich Mergel blos Kalkmergel, entweder eine steinigte, jedoch nach ein oder zwei Jahren zerfallende, oder aber eine weiße kreidenartige Erde, die besonders an niedrigen Stellen und unter moorigem Grund zu liegen pflegt, dachte. Unseren Lehmmergel erkannte man fast nur negativ, als einen zum Ziegelbrennen und zu Wellerwänden (Stallmist – Lehm – Gemisch, auf dem Salpeter für Schießpulver wachsen soll. H. V.) brauchbaren Lehm. Es finden sich jedoch Spuren, dass man schon an verschiedenen Orten und zu verschiedenen Zeiten die fruchtbare Wirkung dieser Erde auf den Acker erfahren habe: ältere Schriftsteller empfehlen nicht selten das Lehmauffahren auf sandigen Boden und man findet auch hier und da alte praktische Landwirthe, die sich erinnern, daß Lehm mit auffallendem Nutzen aufgefahren sey. Da aber diese Lehmart nicht völlig erkannt wurde, so nahmen die meisten wol kalklosen Lehm und fanden sich da natürlich sehr wenig belohnt. Meines Wissens betrieben allein die Einwohner der Prebzer Probstey, eines kleinen, aber für die Landwirthschaft höchst merkwürdigen Flecks in Hollstein dieses Lehmauffahren allein im Großen und es war daselbst seit geraumer Zeit zu einer landesüblichen Operation geworden. Sie kannten eigentlich die Natur des Lehms, den sie auffuhren nicht, aber dennoch hatte die Erfahrung sie gelehrt, daß nicht jeder Lehm dazu tauglich sey und sie unterschieden den fruchbaren Lehm von dem unfruchtbaren durch sinnliche Merkmahle, die für den geübten deutlich genug sind. Lange Zeit hindurch achtete man selbst in der Nachbarschaft nicht darauf, aber in den Jahren nach 1794 fing der erstaunliche Erfolg, den diese Operation hatte der auffallende Wohlstand dieser Bauern und besonders der große Strohverkauf – den sie freiwillig übermäßig trieben – an, Aufmerksamkeit zu erregen und bald Nachahmung zu erwecken. Man ließ nun in Hollstein Probsteier Lehmgräber kommen, weil mehrere nach gemachten Mißgriffen nur diesen Leuten die zugehörige Unterscheidung und Behandlung des Lehms zutraueten.
Nun verbreitete sich das Gerücht davon wie von einem Wunder. Wie ich es hörte, erklärte ich diesen Lehm gleich für merglicht, aber man lachte darüber, versicherte, daß es Lehm, aber eine besondere Art sey und daß er sehr viel größere und nachhaltigere Wirkung wie der Mergel thäte.
Ich machte in dieser Absicht im Jahre 1798 eine Reise nach Hollstein, fand völlig bestätigt, was man mir gesagt hatte; ebensosehr aber meine

Meinung. Es war ein Lehm, der 12 bis 30 p Ct. Kalk enthielt. Jene in den Gruben befindliche Substanz, welche die Leute für brauchbar erklärten, brauste stark mit Säuren und die, welche sie für die beste hielten, am stärksten und forderte eine größere Quantität Säure zur Sättigung"

Thaer lernte einen Schulmeister kennen, der später den Namen „Mergelapostel" erhielt, in Mecklenburg Gutsbesitzer, die das „Lehmfahren" ebenfalls versuchten, aber wahrscheinlich „Mißgriffe in die Erde" machten, zu wenig auffuhren und „die gehörige Mengung" vernachlässigten. Die Wirkung war sehr gering, viel geringer als der „Modder" vom Hof. Er glaubte zunächst, die geringere Wirkung des Mergels in Mecklenburg sei dem besseren Boden in Hollstein geschuldet, ließ sich aber nach eigenen Versuchen im „Reichenower Land" im damals preußischen und heute brandenburgischen Möglin auf völlig ausgelaugten Böden, die nicht einmal „das zweite Korn", also nicht einmal eine Verdoppelung der Aussaat hergaben, eines besseren belehren. Er ließ die Felder zur Hälfte mergeln, zur anderen moddern und im Frühjahr beide mit rotem Klee „untersäen":

„Der Roggen auf dem gemergelten Theile war wol der beste, den man im verwichenen Jahre in hiesiger Gegend sah, an Dichtigkeit sowohl als an Stärke der Ähren. Der Modderroggen war merklich schlechter und nur in den Gründen gut; der wenig oder gar nicht befahrene gab nicht die Einsaat wieder. Der Weizen auf dem gemergelten Lande stand im Frühjahre vortrefflich, er litt jedoch unter Dürre beim Schossen so sehr, daß er nicht über das dritte Korn gegeben hat...Nach der Ernte wuchs der Klee, der auf 40 Morgen nur dünn gesäet war, weil man kaum auf Mäheklee rechnete, so üppig heran, daß ihn mein Viehstapel beim Abweiden kaum bezwingen konnten, und in diesem Jahre hat er mir im ersten Schnitte eine Heuernte von starken Fudern gegeben, und die Hochverehrte Gesellschaft wird sich überzeugen, daß ich mit aller Wahrscheinlichkeit auf einen zweiten sehr guten Schnitt rechnen könne".

Sein Vorgehen auf ausgelaugtem Boden hatte ihm nicht nur eine gute Roggenernte beschert, sondern auch so viel Heu für die Stallfütterung, dass er seine Felder in den kommenden Jahren „beim Wiederaufbruch" mit reichlich Stalldünger versehen konnte. Er meint auch zu wissen, wo man Mergel am besten finden könne: da, wo Brombeersträucher wachsen. Das ist wieder gut beobachtet, denn Brombeeren bevorzugen kalkhaltige Böden. Thaer rechnet die Kosten für eine Mergelgrube, die Kosten für den Transport und die Handarbeit durch. „4 Leute können in den längeren Tagen 120 Karren täglich im Durchschnitt ausfahren". Und sie verdienten nicht schlecht dabei. In einer Entfernung von 100 bis 150 Ruthen (440 bis 660 m) finde man fast immer genügend Mergel. Er nennt die Kosten für die Pferdearbeit, für längere Fahrten, für die Einrichtung einer neuen Mergelgrube und die Gesamtkosten für einen Morgen Landverbesserung. Dann empfiehlt er die Fruchtfolge für einzelne Abteilungen. Eine beispielgebende Praxis, zur Nachahmung empfohlen und beweiskräftig durch den Erfolg, so arbeitete Thaer als Propagandist, ein Propagandist, der auch mitzuteilen wusste, was eine Bodenverbesserung kostet und welcher Arbeitsaufwand getrieben werden muss.

Die Frage war nur, was davon aktuell in der Zeit der Vorbereitung des Russlandfeldzugs Napoleons, für den auch Zigtausende preußischer junger Männer und zahlreiche Pferde mobilisiert werden mussten, zu verwirklichen war. Vielleicht hat Thaer deshalb empfohlen, für das Auffahren nur „abgängige Pferde" einzusetzen, also solche, die ausgemustert oder schlachtreif waren.

Thaer hatte an seinem Lehrinstitut in Celle und 1804 an seiner Königlichen Akademie des Landbaus in Möglin den jungen Apotheker *Heinrich Einhof* (1777–1808) als Laborant und naturwissenschaftlichen Lehrer eingestellt, der über die Grundlagen der Pflanzenernährung diametral entgegengesetzter Auffassung war. Wie es die beiden in den Jahren bis zum frühen Tod Einhofs geschafft haben, trotz des grundlegenden Dissenses produktiv zusammenzuarbeiten, muss aus Mangel an Schriftlichem unbeantwortet bleiben. Es hat anscheinend gut funktioniert, denn Thaer hat nach dem frühen Tod Einhofs 1808 umgehend Fragmente aus dessen Vorlesungen in seinen *Annalen des Ackerbaus* mit einem Vorwort voll des Lobes veröffentlicht.[70] Sie zeigen einen jungen Wissenschaftler, der die Experimente zum Pflanzenwachstum seiner Vorgänger für die Studenten der Landwirtschaft erst einmal auf methodische Schwächen und kurzschlüssige Erklärungen abgeklopft hat.

Am Beispiel des Arztes Johan Baptista van Helmont (1580–1644) demonstriert Einhof, wie Versuche zu gewaltigen Trugschlüssen führen können. Helmont hatte einen Weidenstamm von vier Pfund Gewicht in einen Topf mit ausgedörrter Erde gepflanzt, den er in die Erde grub und teils mit Wasser, teils mit destilliertem Wasser begoss. Nach fünf Jahren wog der Baum 169 Pfund, die Erde hatte nicht an Gewicht verloren. Also, schloss Helmont, wachsen die Pflanzen nur mit Wasser.[71] Die Erde diene nach Helmont nur dazu, den Pflanzen Wasser zuzuführen, der Dünger nur zur Lockerung der Erde und zur Erzeugung von Wärme durch seine Gärung. Der Apotheker Georg Christian Albrecht Rückert (1763–1800) hatte aus dem Aschenrückstand des Getreides direkt auf den erforderlichen Boden geschlossen und nicht berücksichtigt, dass Getreide sehr wohl prächtig auf anderen Böden gedeiht. „Wäre überhaupt Erde das vorzüglichste Nahrungsmittel für die Pflanzen, so müßten diese auch in ihrer Mischung vorzüglich aus Erden bestehen. Allein wie wenig liefern die Gewächse davon in ihrer Asche!".[72] Ein weiterer Holzweg der Analyse war die trockene Destillation der Pflanzen. Dabei erhielt man immer Luft, Öl, Erde und Salze. Also sollten alle Pflanzen „aus Luft, öligten, erdigten und salzigten Theilen zusammengestzt seyn", und das sollten dann auch die Nahrungsmittel sein. Dieselben Bestandteile erhielt man bei trockener Destillation auch aus dem Dünger, der diese Nahrungsstoffe hergeben sollte.

Das alles ließ sich von Einhof leicht widerlegen: Alle untersuchten Substanzen waren mit Hilfe des Feuers untersucht worden, also verändert. Sie kommen so in den Pflanzen nicht vor. Die neueren chemischen Untersuchungen hätten gezeigt, dass die Hauptbestandteile der Pflanzen „Kohlenstoff, Hydrogen, Azote und oxygen" sind, Kohlenstoff, Wasserstoff, Stickstoff und Sauerstoff, und jetzt stelle sich die Frage, woher die Pflanzen diese Stoffe nehmen. „Die Gewächse nehmen ihre Nahrung sowohl aus der Luft, als aus dem Boden „. Das hätten unzählige Versuche bewiesen. Die „Einsaugung der Nahrungsmittel aus der Luft" erfolge durch die Blätter und die grünen Teile der Pflanzen.

Dann berichtet er über die Versuche von Ingenhousz, Saussure und Senebier „und andere Physiker" zur Frage, ob die Kohlensäure aus der Luft oder aus dem Wasser stammt. Die Pflanzen machten mit der Kohlensäure im Wasser dasselbe wie mit der Kohlensäure der Luft: sie zerlegen sie unter Freigabe von Sauerstoff. Von anderen Substanzen müsse man wahrscheinlich dasselbe annehmen, denn „gekohltes Hydrogen-Gas" (Kohlenwasserstoff, hier Methan) entwickle sich aus Sümpfen und Kloaken in großer Menge, man finde aber keine Spur davon in der Atmosphäre. „Es muß also zerstört werden, und wahrscheinlich verrichten vorzüglich die Pflanzen diese Zerstörung, indem sie es einsaugen, und die Basis desselben, den hydrogenirten Kohlenstoff, in ihren Körper aufnehmen". Sein Beweis: Alexander von Humboldts Versuche mit einer Zwiebel in der Grube von Freiberg, die „mit Hydrogen-Gas ganz verdorben war". Dort wuchs eine auf feuchte Erde gesetzte Zwiebel in völliger Dunkelheit in 16 Tagen weiter bis zur Blüte, mit grünenden Blättern, „den Blütenstaub auswerfend". Methan (CH_4), das Grubengas, das durch die offene Flamme einer Grubenlampe Explosionen auslösen kann, dürfte für die blühende Zwiebel nicht verantwortlich gewesen sein. Methan kann nur durch bestimmte Bakterien im Boden unter Energiegewinnung verarbeitet und in Methanol umgewandelt werden. Eine Assimilation durch die Blätter wie beim Kohlendioxid findet nicht statt. Die in der Zwiebelknolle und im feuchten Boden vorhandenen Nährstoffe reichten wahrscheinlich aus, um sie wachsen zu lassen. Vielleicht gab es ja Methan verarbeitende Bakterien in der Erde der Freiberger Grube. Frappierend ist die in der Dunkelheit entstehende grüne Farbe der Blätter.

Einhof hat sich mit vielen möglichen Pflanzennährstoffen beschäftigt. Die Stoffe aus dem Boden, aus dem Humus und dem Dünger müssten in flüssiger Form aufgenommen werden, so Einhof. Die Vorbereitung müsse also außerhalb der Pflanze stattfinden, durch Fäulnis und Verwesung. Der beste Dünger sei der tierische, der schnell verwest, und der beste pflanzliche der, der feucht gehalten wird, ein „gut zergangener Mist". Die beste Wirkung habe ein Dünger, der einige Zeit vor dem Pflügen aufgebracht wird, da er weiter von Sauerstoff zersetzt werde. Auch Kalk fördere die Zersetzung. Eines der wichtigsten Produkte der Verwesung sei die Kohlensäure. Ammonium, Kohlenwasserstoffe, Stickstoffe erzeugten den üblen Geruch. Im Humus entstehe dann der „Extraktivstoff", der durch Wasser oder Alkohol „ausgezogen" werden kann. Es handelt sich, wie man heute weiß, um Huminsäuren, hochmolekulare Konglomerate aus biologischen Abbauprodukten. Einhof weiß nach Versuchen von Saussure, dass der Extraktivstoff „ein vorzüglich Nahrungsmittel für die Gewächse" ist.

Einhof vermutet bereits, dass die Pflanzen nicht nur passiv Nahrungsstoffe aufnehmen, sondern selbst tätig werden. Sonst könne man sich nicht erklären, warum nach einigen Jahren der Boden für eine Pflanze erschöpft ist, während eine andere dann wieder prächtig gedeiht. Das ist eine höchst interessante Beobachtung, die von Einhof nur falsch begründet wird. Sie hätte ein Hinweis auf bestimmte Mineralstoffe geben können, die die eine Pflanze für ihr Wachstum braucht, eine andere jedoch nicht, und die daher auf demselben Boden prächtig gedeiht. Im zweiten Teil „Von dem Einathmen und der Ausdünstung der Gewächse" beschreibt er die Ergebnisse von Ingenhousz, Senebier, Priestley, Saussure als „Hauptgeschäft der Pflanzen" und bemüht den üblichen Vergleich mit Tieren. Die Atmung der Lunge funktioniere genau umgekehrt wie die der Blätter. Von der Lunge werde die verdorbene Luft aus-, der Sauerstoff eingeatmet.

Er berichtet von einer seltsamen Beobachtung Alexander von Humboldts an Schwämmen, die in verschlossenen Gefäßen Knallgas (Wasserstoff) ausgehaucht haben sollen und Einhof glaubt, dass dieser Wasserstoff aus der Zerlegung von Wasser stammt. Humboldt hat seine Untersuchungen jedoch nicht an einem Schwamm, sondern am Wiesenchampignon (*Agaricus campestris*) gemacht, der unter normalen Bedingungen keinen Wasserstoff produziert. Mit Schwamm wird in vielen Regionen Deutschlands und der Schweiz ein großer Pilze bezeichnet, zum Beispiel in Bayern der Schwammerl.[73] Wasserstoff produziert er nur, wenn er zu faulen beginnt, und dann sind die Bakterien, die ihn besiedelt haben, dafür verantwortlich. Das hat Sergeĭ Pavlovich Kostychew (1877–1931) 120 Jahre später nachgewiesen.[74] Humboldt hat also nicht auf eventuell vorhandene Blaualgen geachtet, die Wasserstoff enzymatisch bilden können. Sie werden heute als Kandidaten für eine industrielle Verwendung zur Bekämpfung des Klimawandels gehandelt. Blaualgen (Cyoanobakterien) zerlegen dabei aber nicht das Wasser, wie Einhof annahm. In Abwandlung des Produktionszyklus der Fotosynthese atmen sie am Tag wie die meisten Pflanzen CO_2 ein und machen daraus Zucker, nachts jedoch speichern sie Stickstoff aus der Luft als Ammoniak und atmen nicht CO_2, sondern Wasserstoff aus. Die von Lavoisier aufgezeigte mögliche Zerlegung des Wassers hat die frühen Chemiker fasziniert, denn Wasser war eines der unzerstörbaren Elemente der Substanztheorie des Aristoteles. Die Aufspaltung des Wassers in Wasserstoff und Sauerstoff war deshalb mehr als nur ein weiterer Fortschritt der neuen Chemie. Sie war ein Sieg über ein ganzes System der Naturerklärung, das seit mehr als 2000 Jahren die Köpfe beherrscht hatte. Mit der Möglichkeit, dass die Natur in ihrer Weisheit diese Aufspaltung auch ohne großen Wärmeeinsatz schaffen könnte, haben nicht nur Hassenfratz und Einhof spekuliert.

Heinrich Einhof gilt heute als Vater der Trennung von Stärke und Eiweiß und der Fraktionierung pflanzlicher Eiweißstoffe, die er erstmals an Getreidekörnern, Leguminosensamen und Kartoffeln durchgeführt hatte.[75] Der Nachweis von Eiweiß in der Kartoffel trug dazu bei, ihr schlechtes Image aufzupolieren. Nebenbei war der Nachweis „tierischer" Eiweißsubstanz ein weiterer Schlag gegen die strikte Trennung von Tier- und Pflanzenwelt. Der erste Schlag erfolgte durch Ingenhousz mit seiner Pflanzenatmung, die Sauerstoff produziert. Die häufige Erwähnung von Analogien zwischen Tier und Pflanze durch die modernen Wissenschaftler kann als Angriff auf die von Gott gegebene Trennung der beiden Welten verstanden werden. Ingenhousz, Priestley und Einhof hatten einen Kreislauf zwischen Tier, Mensch und Pflanze erkannt.

Einhof ist viel zu früh an einem „Nervenfieber", wahrscheinlich Typhus, gestorben. Er war wissenschaftlich seiner Zeit voraus und vertrat Auffassungen über die Ernährung von Pflanzen, die denen Thaers mit seiner Humustheorie diametral entgegengesetzt waren. Mit seinen Laboranalysen in Möglin hatte er gezeigt, wie eine Verbindung von Wissenschaft und Landwirtschaft aussehen und der ackerbaulichen Praxis auf die Beine helfen könnte. Der Durchbruch gelang Carl Sprengel zwanzig Jahre später (Abbildung 16). Auch er hatte seine ersten Erfahrungen bei Thaer in Möglin gesammelt.

Abbildung 16: Carl Sprengel. Archiv der Gesellschaft für Pflanzenbauwissenschaften. Wikimedia commons.

Carl Sprengel (1787–1859), als Sohn eines Posthalters mit Bauernhof und landwirtschaftlicher Ahnenreihe im Hannoveranischen geboren, war als 15-Jähriger nach Ausbildung durch Privatlehrer für drei Jahre in der Landwirtschaftsschule Thaers in Celle von Thaer und Einhof unterrichtet worden. Er folgte ihnen nach Möglin. Er war nicht nur Schüler, sondern Assistent bei chemischen Versuchen mit Mergel, beteiligte sich an Düngungsversuchen und an der Organisation des Umzuges nach Möglin. Es folgten acht Jahre als landwirtschaftlicher Berater in den Großbetrieben der Grafen von der Schulenburg, von Brester, von Solms und von Wallwitz. 1817 bis 1820 bereiste er die Schweiz, Frankreich, Belgien, die Niederlande und große Teile Deutschlands auf der Suche nach den besten landwirtschaftlichen Methoden. Im Alter von 34 Jahren begann er in Göttingen ein Hochschulstudium, das praktisch alle naturwissenschaftlichen Fächer, aber auch Philosophie, Verwaltungswissenschaften und ein Studium der Rechte einschloss, und promovierte in Chemie und Ökonomie. Als Dozent hielt er die ersten Vorlesungen über Agriculturchemie an einer deutschen Hochschule, konnte sich jedoch weder in Göttingen noch später in Braunschweig mit seinem Wunsch nach Versuchsfeldern durchsetzen, um seine Theorie der Mineraldüngung praktisch beweisen zu können. Erst als schon 52-Jähriger gründete er in Regenwalde in Pommern (heute Resko in Polen) ein privates Lehrinstitut, das einige Jahre später mit staatlicher Unterstützung zur Landbau-Academie zu Regenwalde avancierte.[76]

Ich beziehe mich hier auf seine Lehre vom Dünger, die er nach reichhaltiger Erfahrung und wissenschaftlicher Betätigung 1839 am Ende seiner Zeit in Braunschweig als Professor für Landwirtschaftslehre und Agriculturchemie und schon auf dem Weg ins preußische Regenwalde veröffentlichte.[77] Sprengel hatte schon elf Jahre vorher in seinem Buch über die Ackerkrume die Mineralien als wirkliche Nährstoffe und nicht nur als Reizmittel bezeichnet, mit dem Bauern und Chemiker die Wirkung mineralischer Dünger erklären wollten (Carl Sprengel, Von den Substanzen der Ackerkrume. Leipzig 1826). Jetzt war er sich nach vielen chemischen Analysen von Pflanzen, Erden und Düngern so sicher geworden, dass er mit den althergebrachten Vorstellungen aufräumen konnte. Zum stickstoffhaltigen Salpeter schreibt er in der Einleitung:

„Was nun die Düngung mit Salpeter betrifft, so liefert diese gleichfalls nicht allein den schlagensten Beweis, daß oft nur sehr geringe Mengen eines Stoffes nöthig sind, um das Pflanzenwachsthum auf eine ganz außerordentliche Weise zu befördern, sondern sie entkräftet zugleich auch die Ansicht, welche man von Düngematerialien als Reizmittel hat; um nämlich die Pflanzen sehr üppig wachsen zu machen, hat man, wie mir viele Versuche gezeigt haben, nur nöthig 80 – 90 Pfd. Salpeter auf den Magd. Morgen zu streuen. die ausgezeichnete Wirkung dieses Körpers in der angegebenen Menge erklärt sich einfach dadurch, daß die

Pflanzen, um üppig zu wachsen, nur eine sehr geringe Menge Stickstoff bedürfen; denn nach des Chemikers Boussignault Untersuchungen enthalten z. B. 2000 Pfd. Wiesenheu, was ungefähr der Ertrag eines Magd. Morgens ist, nur 16 Pfd. Stickstoff, da aber der Morgen Land, durch die Düngung mit 80 – 90 Pfd. Salpeter 14 – 15 Pfd. Stickstoff (in der Salpetersäure des Salzes befindlich) erhält, so ist es leicht begreiflich, daß die Pflanzen nun auch ihr Bedürfnis nach Stickstoff vollkommen befriedigen können, und zwar umso eher, als der Salpeter zu den sehr leicht in Wasser löslichen Körpern gehört. Daß übrigens der Salpeter kein Reizmittel für das Pflanzenwachsthum, sondern ein wirkliches Nahrungsmittel ist, müssen, um consequent zu bleiben, selbst diejenigen eingestehen, welche die Mineralien als Reizmittel betrachten, denn sie geben ja zu, daß der Stickstoff zu den wirklichen Nahrungsmitteln der Pflanzen gehöre, und behaupten deshalb auch, daß die große Wirkung der thierischen Excremente hauptsächlich von ihrem Stickstoffgehalte herrühre". Ein Magdeburger Morgen ist ca. ein Viertel Hektar.

Den Bauern sagt er, sie müssten sich um die Naturwissenschaften kümmern, sie müssten wissen, was Pflanzen für ihr Wachstum brauchen, also etwas von der Pflanzenphysiologie verstehen. Bisher sei es so, dass die meisten Landwirte keine Ahnung davon hätten, was der Boden braucht oder was ihm fehlt, sie mühten sich vergeblich ab, obwohl der Boden das gar nicht hergeben könne und schrieben den Misserfolg der Witterung oder anderen äußeren Einflüssen zu. Sie lebten ohne naturwissenschaftliche Kenntnisse in ständiger Ungewissheit. „Die meisten Landwirthe sind über das, was dem Boden wahrhaft Noth tuth in steter Ungewißheit, und werden auch darüber in Ungewißheit bleiben, bis sie die Fackel zur Hand nehmen, die sich ihnen in den Naturwissenschaften, hauptsächlich der Chemie, darbietet". Sprengel liest den Bauern ganz anders die Leviten als Thaer 20 Jahre vorher.

Sein Schwerpunkt liegt jetzt eindeutig auf den Naturwissenschaften, während Thaer den Bauern ein Schlupfloch gelassen hatte. Thaer hatte sie aufgefordert, Ingenhousz zu vergessen und Hassenfratz deshalb zu akzeptieren, weil dieser mit seiner Bodentheorie und seiner Mistanalyse ihre uralten Praktiken nicht grundsätzlich in Frage gestellt hatte. Letztlich entscheide die Praxis, so Thaer, und nicht eine Theorie, die in die entgegengesetzte Richtung laufe, also weg von der Wurzel hin zu den Blättern. Wer erreichen wolle, dass sich der Bauer ändere, müsse ihm ganz praktisch, am besten auf eigenem Acker, zeigen, dass ihm eine bestimmte Bodenbearbeitung, eine bestimmte Fruchtfolge, ein so behandelter Mist ohne größeren Aufwand bessere Erträge bringt. So dachte Thaer, obwohl er mit nur geringen Erwartungen an die Bauern Grundkurse in Chemie propagiert hatte. Jetzt, 20 Jahre später, hatte die Chemie große Fortschritte gemacht. Der denkende Landwirt konnte sie für eine Ertragssteigerung nicht mehr ignorieren, Die ominöse Lebenskraft hatte ausgedient und wurde durch detaillierte Nachweise chemischer Reaktionen abgelöst, eine Revolution im Verständnis der Pflanzenernährung.

Wer glaube, „daß zur Entstehung der meisten Pflanzensubstanzen nur Kohlenstoff, Wasserstoff und Sauerstoff erforderlich seien“, müsse sich nicht wundern, wenn Erträge ausblieben. „Man nimmt, jedoch ohne allen hinreichenden Grund, an, die Pflanzen bilden aus Kohlenstoff, Wasserstoff und Sauerstoff, welche man überhaupt nur als einfache Stoffe gelten läßt, alle übrigen in ihn befindlichen Körper durch *dynamische Kräfte..*“. Diese Kräfte seien nur eine philosophische Hypothese, die keiner beweisen könne. Die Luft bleibe sich in ihrer Zusammensetzung immer gleich, deshalb müssten verloren gegangene Stoffe im Boden ersetzt werden. Das wären Mineralstoffe und Stickstoff, der von den meisten Pflanzen nicht durch die Blätter aus der Luft gezogen werden könne. „Ein Körper wird nur dann zum Düngemittel, wenn er sich zuvor in Wasser aufgelöst hat, denn ohne dieses kann derselbe weder in die Pflanze übergehen, noch auf die Bodenbestandtheile zersetzend wirken“. Je poröser der Untergrund, desto schneller verschwindet der Dünger mit dem Wasser. Die Ansicht, „alle organischen Körper müßten erst außerhalb des Bodens in Fäulniß oder Verwesung übergegangen sein, bevor man sie als Düngemittel anwenden dürfe“ sei nur teilweise richtig. Das werde beim Mist genauer besprochen, der mit seinem Stroh auch zu Tonbodenverbesserung eingesetzt werden könne. Wenn man mit der Fäulnis zu lange warte, könne es sein, dass die besten Stoffe einen großen Verlust erleiden, besonders bei Stickstoff, Schwefel und Phosphor, die sich mit Wasserstoff verbinden und verflüchtigen oder „Gasgestalt annehmen“. Im Boden dagegen würden sie chemisch oder mechanisch gebunden. Im Kompost würden Stoffe beigemischt, die eine Verflüchtigung oder bereits die Bildung von Gasen verhinderten, „ein Gegenstand von hoher Wichtigkeit“.

„Man behauptet auch wohl, das Futter werde in den Leibern der Thiere *animalisiert*, d. h. es nehme hier Stickstoff oder solche Stoffe auf, wodurch die nachherigen Excremente zu so kräftigen düngenden Körpern werden, aber auch diese Ansicht ist irrig ...".[78] Das Gegenteil sei der Fall. Da die Tiere selbst sehr viel Stickstoff für ihren Stoffwechsel benötigten, müsse sein Bestandteil in den Ausscheidungen von Harn und Exkrementen geringer sein. Daher ist der Dung von wachsendem Jungvieh weniger wirksam. Auch hier ist er wieder, der unausgesprochene Tadel an die Bauern, die über den tierischen Stoffwechsel spekulieren und sich mit kurzschlüssigen Erklärungen auf eine falsche Fährte setzen, statt wissenschaftliche Ergebnisse zu bemühen.

Viel hilft viel. Das ist nach Sprengel genauso falsch wie nicht zu düngen. Er gibt zu bedenken: Boden, Klima, Art der Pflanze, flüssiger oder fester Dünger, Bestandteile des Düngers etc. Auch hier gibt es ohne vorherige Analysen kein optimales Vorgehen. Ihm schwebt eine „harmonische Düngung" vor, die er bereits in einem Zeitschriftenartikel 1828 im Zusammenhang mit der Kochsalzdüngung formuliert hatte: „... denn es ist nicht zu bestreiten, wenn eine Pflanze 12 Stoffe zu ihrer Ausbildung bedarf, so wird sie nimmer aufkommen, wenn nur ein einziger an dieser Zahl fehlt, und stets kümmerlich wird sie wachsen, wenn einer derselben nicht in derjenigen Menge vorhanden ist, als es die Natur der Pflanze erheischt".[79] Es ist das sogenannte „Gesetz vom Minimum", nach dem sich der Ertrag der Pflanzen nach dem Nährstoff richtet, der der Pflanze in der am geringsten aufnehmbaren Menge zur Verfügung steht. Fehlt im Nahrungsangebot nur eine einzige dieser notwendigen Substanzen in ausreichender Menge, wird sie nicht wachsen. Dieses Gesetz wurde bis zur Wiederentdeckung Sprengels in den 1950er Jahren Justus Liebig zugeordnet, der es in den 1840er Jahren formuliert hatte. Sprengel kannte bereits 20 Nährstoffe, als wichtigsten den Stickstoff, von dem er aus Versuchen wusste, dass ihn die meisten Pflanzen nicht aus der Luft aufnehmen können.

Interessant ist seine Begründung, mit der er pflanzlichen und tierischen Stoffwechsel verbindet. „Der Stickstoff spielt im organischen Reiche eine sehr wichtige Rolle, denn Fleisch, Milch, Wolle Gallerte, Pflanzeneiweiß, Pflanzenleim, grünes Satzmehl (gelatinöser Niederschlag von ausgespressten Pflanzensäften. H. V.) und viele andere Körper des Thier- und Pflanzenreichs können sich nur bilden, wenn der zu ihrer chemischen Konstitution nöthige Stickstoff vorhanden ist. Daher müssen Thiere, wenn sie gedeihen sollen, Pflanzen zu fressen bekommen, die stickstoffhaltige Körper besitzen, und deshalb können Pflanzen nur in dem Falle freudig wachsen, daß ihnen der Boden stickstoffhaltige Körper darbietet, denn Versuche haben gezeigt, daß sie vermittels der Blätter keinen Stickstoff aus der Atmosphäre anziehen;...daß aber die Pflanzen im allgemeinen keinen Stickstoff mit ihren Blättern anziehen, ist der Grund, weshalb stickstoffhaltige Düngungsmittel so ausgezeichnete Wirkung thun".[80]

Aus diesem Wissen leitete Sprengel seine praktischen Vorschläge über den Umgang mit dem Mist ab. Ist er zu warm, entweicht sehr leicht Ammoniak. Man muss ihn daher feucht und fest halten und ihn möglichst bald auf die Felder bringen. Ihn über den Winter auf den Feldern liegen zu lassen, bringe nichts, es sei denn, man habe Humus zugesetzt, der Ammoniak binde. Überdüngung sei mit frischen Rinderharn leicht möglich, der Bauer müsse deshalb die Bildung von Ammoniaksalzen fördern und den Mist entsprechend behandeln.

Sprengels ausgearbeitete Mineralstofftheorie mit der praktischen Konsequenz einer harmonischen Düngung mit pflanzenspezifischen Mineralien ist nicht mehr weit von einer zielgerichteten Düngerpraxis entfernt, wie sie mit dem heutigen umfassenden Wissen praktiziert werden könnte, wenn dabei die Nitratbelastung des Grundwassers, die CO_2-Belastung der Atmosphäre und die Biodiversität berücksichtigt würden. Dem Bauern von heute wird ein Blick über die Grenzen seines Ackers hinaus abverlangt, und viele sträuben sich dagegen wie Thaers Bauern gegen die Aufgabe schädlicher Traditionen. Sie könnten durch eine Änderung der Anbaumethoden relativ schnell die Nitratbelastung des Grundwassers mindern und den Grundwassersspiegel erhöhen und langfristig Biodiversität und Klima positiv beeinflussen. Sie schaden sich auf die Dauer selbst, wenn sie kurzfristige Erfolge ihrer Kurzsichtigkeit feiern. Es ist ein Pyrrhussieg. Ihr Widerstand heute gegen eine notwendige Verhaltensänderung ist Anschauungsmaterial für die Bockigkeit, mit der Thaer bei seinen Bauern konfrontiert war, als er sie zur Aufgabe der Brache bewegen wollte.

Boden und Dünger heute: eine Skizze

Die Bodenökologie bietet eine Erklärung für die von Thaer und Schwerz beklagte und kaum wieder gut zu machende Schädigung der Bodenfruchtbarkeit bei langjähriger Brache. Das Wissen, das wir über die lebendigen Vorgänge im Boden und den Nährstoffbedarf der Pflanzen haben, ist enorm. Wir kennen die Rolle von Bakterien und Pilzen, und wir wissen, wie sich die chemischen Reaktionen von Bodenbestandteilen mit der Änderung des pH-Wertes ändern. Wir können sagen, was genau im Boden passiert, wenn eine Brache über Jahrzehnte unbearbeitet bleibt: Der Boden versauert, weil die gesamte Biomasse als Streu anfällt, die nur langsam abgebaut wird. Das Kohlenstoff-Stickstoff-Verhältnis verschiebt sich zugunsten des Kohlenstoffs, die Aktivität der Mikroorganismen ist deutlich vermindert, die Verfügbarkeit von Stickstoff und Mineralien und die Bodenfruchtbarkeit nehmen deshalb ab. Die Porosität nimmt wegen der starken Durchwurzelung zu. Der Boden wird lockerer, die Wurzeln reichen viel tiefer. 70 bis 90 % der Biomasse befinden sich nun im Boden und werden nur langsam abgebaut, bei gedüngten Fettwiesen sind es weniger als 50 %, in einjährigen Getreidekulturen weniger als 30 %, in Wäldern 20 %.[81]

Bei der Gründüngung werden Hülsenfrüchte wie Lupine, Erbse, Wicke und Klee eingesetzt, deren Wurzelknöllchen in Symbiose mit stickstofffixierenden Bakterien in der Lage sind, Luftstickstoff zu binden. Durch Bodenbeschattung, insbesondere mit dem Anbau von Wicken wird Austrocknung und Verschlammung bei Regen vermindert, Mit dem Anbau tiefwurzelnder Lupinen wird Bodenverdichtung bekämpft und durch Erdverkrümelung die Bodenstruktur stabilisiert. Klee (auch eine Leguminose) mit hohem Eiweißgehalt als Zwischennutzung eignet sich als Viehfutter. Zur Düngung werden die Pflanzen untergepflügt oder kleingehächselt als lockere Schicht liegengelassen. Dieses Mulchen ist wegen der Zerstörung von Kleingetier jedoch höchst umstritten.

Die organischen Dünger aus der Tierhaltung, sowie Stroh aus dem Getreideanbau variieren stark in ihrem Nähstoffgehalt, ihrem Gehalt an Trockensubstanz und an Stickstoff und Kohlenstoff. Das Kohlenstoff-Stickstoff-Verhältnis beträgt bei Gülle 2 zu 10, bei Kompost 10 zu 20, bei Stallmist 20 zu 30 und bei Getreidestroh 70 zu 100.[82]

Organische Dünger sind Langzeitdünger mit unterschiedlicher Abbaugeschwindigkeit. Getreidestroh ist zwar nach vier Monaten zu 50 % abgebaut, aber erst nach neun Jahren zu 90 %. Durch den Abbau werden Phosphor, Kalium, Calcium und Magnesium frei, die in etwa so gut verfügbar sind wie reine Mineralstoffdünger. Anders beim Stickstoff. Hier sinkt die Verfügbarkeit bei steigendem Kohlenstoffgehalt des natürlichen Düngers. „Ammoniakstickstoff ist sofort, Proteinstickstoff rasch und der restliche Stickstoff relativ langsam wirksam. So sind bei Mist nur etwa 10 %, bei Gülle hingegen 50 % des Stickstoffs sofort verfügbar". Das heißt für Stallmist gegenüber einem Mineralstoffdünger, dass nur 30–50 %, für Gülle 50–90 % sofort verfügbar sind. Vorteil des Stallmistes ist der Aufbau von Dauerhumus. Durch Düngung wird der pH-Wert mehr oder weniger abgesenkt, der Boden wird sauer, am stärksten beim Einsatz von ammoniumhaltigen Düngern. Eine pH-Erhöhung, um gegenzusteuern, erfolgt mit Kalkdüngern (Kalksalpeter, Kalziumnitrat, Kalkstickstoff, Klärschlamm).

Mineraldünger ersetzen erntebedingte Nähstoffverluste des Bodens. (Stickstoff, Kalium, Calcium, Phosphor, Magnesium). Durch mineralische Volldüngung einer Wiese lässt sich ihr Ertrag von 6,4 t/ha auf 15,3 t/ha Gras steigern. Die Mineralstoffdüngung hat sich ausdifferenziert und berücksichtigt Zeitpunkt, Wachstumsperiode, Verflüchtigung in den Boden und in die Luft. Hofdünger wie Gülle und Mist sind am wirkungsvollsten bei Ausbringung im Frühjahr, am wenigsten wirksam im Herbst, und die Wirkung ist stark abhängig von der Bodenverdichtung.

Bodenarten werden heute nach Körnergröße unterschieden. Das hatte bereits Thaer vorgeschlagen. Von der Körnergröße hängen die Fähigkeit zur Wasserspeicherung und die Wasserleitfähigkeit ab. Sie bestimmen über die Kapazität von Nähr- und Schadstoffspeicherung und über die Erosion.

Landwirtschaft als Erfahrungswissenschaft

Auch wenn man die wissenschaftliche Seite von Thaers Erfahrungswissenschaft als fragwürdige Basis für ein rationales Handeln betrachten muss, war er in Deutschland zu einem wirkungsvollen Propagandisten für eine Verbindung von landwirtschaftlicher Praxis mit analytischer Chemie geworden. Immer wieder hat er sich auch theoretisch mit den Voraussetzungen für eine Erfahrungswissenschaft befasst. Er musste feststellen, dass nichts, aber auch gar nichts davon bei den Bauern vorhanden war. Sie schwadronierten über ihre Praxis in einer Sprache, die keinerlei Verständnis für die Prozesse erkennen ließ, die sie mit ihrer Praxis im Boden und in den Pflanzen auslösten. Sie sprachen in wolkigen Begriffen mit viel Lokalkolorit, die eine Verständigung über ihren engen Wirkungskreis hinaus kaum möglich machte. Ursache und Wirkung lösten sich im Einfluss höherer Gewalten auf. Ihre Arbeit war ein Kampf gegen unverstandene Bedrohungen, und ihre Worte waren Ausdruck einer permanenten Unsicherheit über das, was die Natur mit ihnen oder sie mit der Natur machten.

Einige Kostproben zur Charakterisierung von Sprache und Denkweise „roher Praktiker", die 1838 Wilhelm Körte (1776–1846) in seiner Biographie Albrecht Thaers zusammengetragen hat, zeigen ein wenig vom Ausmaß des Problems einer wissenschaftsfernen Einordnung ertragsrelevanter Bewertungen der Böden. Wilhelm Körtes Bruder Franz hatte 1818 die Direktion des Lehrinstituts in Möglin übernommen und war mit einer Tochter Thaers verheiratet. Der Literaturwissenschaftler Wilhelm Körte war aus eigener Anschauung also bestens mit Thaers Aktivitäten vertraut. Typisch für Bauern, so sagt er, seien kurzschlüssige Konstruktionen von Zusammenhängen aus dem gleichzeitigen Auftreten von Ereignissen. Typisch seien Bewertungen des Bodens, bei denen man annehmen muss, dass der Bauer die Erde in den Mund genommen und drauf gebissen, ihn auf der Zunge zergehen ließ oder seine Nase daran gehalten hat und sie als heiß, kalt, sauer, süß, salpetrig, leicht und schwer bezeichnete.[83] Typisch sei ein grundsätzliches Ressentiment gegen Schreiberlinge, von denen sie weniger erwarten als vom Regen. „Ein günstiger Regen ist mir lieber als alles Geschreibe der Federfüchsel".[84] Oder holzschnittartige Zusammenhänge nach dem Muster eines Schulmeisters: „Der Stock steht im Winkel, deshalb regnet es“.[85] Der Bauer: „Das Getreide ist im verqueckten Boden nicht gerathen, deshalb saugt der Klee das Land aus“. Die Kriech-Quecke ist ein gefürchtetes tiefwurzelndes Ackerunkraut, das mit mechanischen Mitteln kaum zu entfernen ist und das Getreidewachstum behindert. Sie wächst ausgezeichnet auf überdüngtem Boden. Der als Futterpflanze angebaute Klee bindet Luftstickstoff über Wurzelknöllchen. Er macht genau das Gegenteil dessen, was in dem Bauernspruch anklingt: er bereichert den Boden. Und dann ein kluger Spruch: „Ein Landwirth, der alles baut, was er braucht, ist ein Schneider, der sich seine Schuhe selber macht“.

Körte resümiert Thaers Meinung über „das verworrenste Geschwätz der Landwirthe vom Boden“ und deren „schwankende Begriffe, die man mit den Wörtern verbindet“ als einen Zustand, in dem keine substantiellen Erfahrungen möglich sind: „Wer nicht den Blick hat, den ganzen Zusammenhang aller Einfluß habenden Potenzen zu übersehen, wer seine Beobachtungen und Reflexionen darüber nicht durch Erfahrungen Anderer in jedem Augenblick zu berichtigen vermag, der kann höchstens eine Bemerkung machen, aber keine Erfahrung“. Bemerkung versus Erfahrung. Das ist eine interessante Gegenüberstellung, die aus der bäuerlichen Erfahrung ein Sammelsurium von beliebigen Meinungen macht und das bäuerliche Selbstbewusstsein mit leerem Geschwätz verbindet. Aus beiläufig dahergeredeten Meinungen kann keine Erfahrungswissenschaft entstehen. Sie benötigt einen Fundus an einigermaßen gesichertem praktischem Wissen, an das Wissenschaftler anknüpfen können. Das war Thaer vollkommen klar, und das hat er nicht vorgefunden.

Er war in einer ähnlichen Lage wie 250 Jahre vor ihm der Stadtarzt von Chemnitz, Georg Agricola (1494–1555), in seiner Beschreibung des Berg- und Hüttenwesens. Im Vorwort beklagte er sich über die diffusen Begrifflichkeiten der Bergleute: „... wenigstens entbehren die Gegenstände, mit denen es unsere Wissenschaft zu tun hat, bisweilen noch der richtigen Bezeichnungen, teils, weil jene Dinge neu sind, teils, weil, wenn sie alt sind die Erinnerung an die Namen, mit denen sie einst bezeichnet wurden, verschwunden sind. Deshalb war ich, was verzeihlich erscheint, gezwungen, einige Begriffe mit mehreren zusammengesetzten Wörtern zu bezeichnen, andere wieder mit neuen ...“.[86] Der Wissenschaft vom Bergbau sei jede Feinheit der Rede fremd, sie arbeite mit überlieferten Bezeichnungen, deren Ursprung vergessen sei.

Wie Agricola musste Thaer den Wald von Begriffen durchforsten, der manchmal nur Überlieferung ohne Verständnis seines Ursprungs, manchmal deckungsgleich mit Bezeichnungen, die etwas anderes bedeuten, und dann wieder so verschwommen waren, dass mit ihnen keine die Sache beschreibende Trennschärfe zu erzielen war. Als Sprache roher Praktiker war sie noch weniger in der Lage, ihr Handeln exakt zu beschreiben als die der Bergleute zur Zeit Agricolas, die die immer gleichen Reaktionsabläufe einer Metallgewinnung durch hundertfaches Wiederholen auf ein gewünschtes Ziel zusteuern und ihre Sinneseindrücke mit ihrem schrittweisen Fortgang zur Deckung bringen konnten.[87] Die Bergleute hatten eine durch die Sinne geprägte analytische Sicherheit gewonnen, die in ihrem Ablauf bereits durch chemische Probierverfahren gestützt wurde. Davon konnten die Bauern Thaers nur träumen. Der Vergleich mit Agricola zeigt, dass die Wissenschaft vom Ackerbau ein unglaublicher Spätentwickler war. Unglaublich, weil sie die Praxis des überwiegenden Teils der Bevölkerung betraf, die mit dem wichtigsten menschlichen Bedürfnis, dem nach Nahrung, zu tun hatte, während die Metallgewinnung, abgesehen von Gebrauchsgegenständen und Kriegsgerät, mit Gold und Silber nicht den Hunger stillte, sondern die menschliche Gier nach Reichtum befriedigte. Unglaublich auch, weil die bergwerkliche Praxis der Scheidekunst Kenntnisse bereitgestellt hatte, die schon lange die Unterscheidung von Salzen und Säuren, die Isolierung von Schwefel, von nitrathaltigem Salpeter und einiger Mineralien ermöglichte. Salpetersieder haben auf Äckern Salpeter wachsen lassen, der zwar für Schießpulver benötigt wurde, dessen Qualitäten als Dünger ihnen aber nicht entgangen waren. Mit dem Analyseapparat aus dem Bergwerk wäre schon Jahrhunderte vor Thaer eine aufschlussreiche Analyse von Boden- und einiger Düngerbestandteilen möglich gewesen. Warum wurde ein solcher Schritt nicht unternommen?

Das dürfte sehr viel mit der gesellschaftlichen Stellung der Bauern zu tun gehabt haben, mit einer Rentenwirtschaft, bei der die profitierenden, meist adligen Grundbesitzer ohne Eigenleistung ein gesichertes Einkommen erzielten, während die Bauern in ihrer feudalen Abhängigkeit mit willkürlicher Fron, mit Naturalienabgaben und mit ihrer erzwungenen Existenz als Hintersassen nie die Freiheit hatten, Wissen zu akkumulieren, das ihre Tätigkeit aufwertet und von den schlimmsten Unwägbarkeiten befreit. Diese Voraussetzung für die Entstehung einer Erfahrungswissenschaft hat Thaer so ausgedrückt:

„Eine Erfahrungs-Wissenschaft kann sich nicht eher ausbilden, als nachdem ihr Gegenstand schon lange als empirisch betrieben, und als Handwerk oder Kunst eine gewisse Höhe erreicht hat. Die Summe von Erfahrungen, woraus ein wissenschaftliches Gebäude errichtet wird, schaft nicht *ein* Menschen-Alter herbey. Alle voreilige Versuche von Systemen sind daher nur Hirngespinste. So mußte auch der Ackerbau erst große Fortschritte gemacht haben, ehe er sich zu der Würde einer Wissenschaft erheben konnte".[88]

Erst im 17. und 18. Jahrhundert war mit der sogenannten Hausväterliteratur ein punktueller Wille zur Verbesserung der landwirtschaftlichen Praxis erkennbar geworden. Ihr Appell richtete sich an Landbesitzer und Adlige, die mit ihrem Grundbesitz einen Überschuß über den Eigenbedarf hinaus für den Markt erwirtschaften wollten, um ihre Einnahmen zu erhöhen. Ihre Praxis profitierte vom Rückgriff auf die in Virgils Georgica niedergelegten Erfahrungen der Römer. Der protestantische Pfarrer Johannes Coler (1570–1639) war einer von ihnen. Er nannte sein mehrbändiges Buch von 1593 bis 1604 *Oeconomia ruralis et domestica oder Haußbuch*. Es erlebte bis 1690 vierzehn Auflagen und wurde in mehrere Sprachen übersetzt. Es galt lange als Standardwerk auch für die landwirtschaftliche Praxis und war noch im 19. Jahrhundert für den Agrarwissenschaftler Carl Fraas die „Grundsäule des späteren landwirtschaftlichen Wissens Deutschlands".[89] Coler hatte sich für Fruchtwechsel und organische Düngung eingesetzt. Die einhundert Jahre lang stabile Grundsäule ist auch eine Metapher für Immobilität, die in den Wüstungen des 17. Jahrhunderts einer dezimierten Bevölkerung ein wenig Sicherheit vermitteln konnte.

Die Tradition der Brache, wie sie zu Thaers Zeiten noch in ganz Westfalen praktiziert wurde, war der zugespitzte Ausdruck für eine veränderungsresistente Anbaumethode, die trotz augenscheinlichen Misserfolgs beibehalten wurde. In dieser Dreifelderwirtschaft, geteilt in Winter-, Sommer- und Brachfeld, gab das Brachfeld kaum noch einen Ertrag. Die Dreifelderwirtschaft funktionierte gut, „so lange nun zwei Drittheile des Ackers für die Bedürfnisse und die arbeitenden Kräfte zureichten und außerdem noch Grasland zu Weide und Heugewinnnung genugsam vorhanden war, um so viel Vieh zu erhalten, als man zur Ausdüngung dieses Drittheils bedurfte...", sagt Thaers Biograph Körte.[90]

Die Dreifelderwirtschaft passte perfekt zu einem veränderungsresistenten feudalen System mit seinen klerikalen Waffenbrüdern. Der fehlende Ertrag des dritten Teils, der auch Arbeit kostete, wurde eben als gottgewollt hingenommen. Als man bei steigender Bevölkerung immer mehr Grasland für den Zugewinn von Ackerland umbrach, musste „die Dreifelderwirthschaft wol auf einen Punkt herabsinken, wo die Arbeit kaum weiter lohnte".[91] Das neue Ackerland verlangte nach einer Reihe von fruchtbaren Jahren nun auch Dünger, für den wegen des verminderten Viehbestands auf einer reduzierten Weide weniger vorhanden war. Statt alle drei Jahre konnte jetzt nur noch alle sechs bis neun Jahre gedüngt werden. Diese örtliche Routine, die nicht selten in einem Schlendrian endete, war durch ein „seltsames Gewebe" von Ackerbaugesetzen, „von Römischen, Lehn- und Altdeutschem Rechte, verbessert und erklärt von Leuten, welche höchstens den Schlendrian ihrer Gegend kannten, aber nichts wußten von den Grundsätzen einer höheren Landwirtschaft".[92]

Eine Verhaltensänderung der Bauern war also nicht nur eine Frage der praktischen Vernunft. Wer rationale Anbaumethoden einführen wollte, musste nicht nur das Beharrungsvermögen in den Köpfen der Bauern, sondern auch das Beharrungsvermögen von gesellschaftlichen Hierarchien und verkrusteten Rechtsverhältnissen überwinden. Einflüsse je nach politischer Wetterlage führten im Umfeld der Französischen Revolution und der Kriege Napoleons zu einer weiteren Blockade von Innovationen. In einem England ohne Besatzung lösten diese Bedrohungen in der Ära William Pitt (1783–1801) seit der Etablierung des *Board of Agriculture* 1793 jedoch eine wahre Flut von Neuerungen aus, auf die Thaer nach enttäuschender Lektüre der deutschen landwirtschaftlichen Literatur begeistert zurückgegriffen und sie in Buchform den deutschen Lesern vorgestellt hat.

Seine „Einleitung zur Kenntniß der englischen Landwirtschafth" beginnt mit einer wunderbaren Beschreibung der Fallstricke, wenn Versuche zur Verknüpfung von Empirie und Wissenschaft an schnellen Verallgemeinerungen, an Pauschalurteilen über Erfolge und Misserfolge, an Verengungen des Blickwinkels oder an Geschwätzigkeit von praktisch ignoranten Ökonomen scheitern. Deren Pflug sei die Feder und das Papier des Verlegers der Acker.[93] Solche Ökonomen wüssten nichts von Versuchen, „wobey man fast nichts dem Zufall überläßt und der Natur die Antwort auf eine vorgelegte Frage abzwingt". Das Verhältnis von Aufwand und

Ertrag werde fast nirgends berechnet, und wenn, dann „nach einem sehr unrichtigen Maaßstabe".[94] Weil solche Berechnungen fehlten, beließen die klügsten Landwirte alles beim Alten. Thaers mit bösartiger Ironie beschriebener Zustand der deutschen Landwirtschaft, die ohne jeden wissenschaftlichen Rückhalt wirtschaftet, war der Ausgangspunkt für sein Engagement. „Viele Hundert Rieß (1 Ries = 500 Bogen) Papier wurden aufgeopfert, um eine Streitfrage zu *verwirren*, die auf einem Acker von etlichen Morgen in wenigen Jahren auf immer entschieden wäre".[95]

„Aber grade wie mein Ekel gegen alle öconomische Lectüre aufs höchste gestiegen war, erhielt ich einige der neuesten englischen Schriften im Orginale. Wie sehr erstaunte ich, darin die genauesten Beobachtungen, die sorgfältigst angestelleten Versuche, die bis ins kleinste Detail eingehenden Berechnungen, die lichtvollesten Raisonnements, und die eifrigen Forschungen nach Wahrheit anzutreffen!".[96] Das ist ungefähr das, was Thaer unter der Tätigkeit eines „klugen, unterichteten Landwirts" verstand, mit Erfahrungswissen *und* Kenntnissen der „Hilfswissenschaften" Naturlehre, Chemie, Kräuterkunde, Tierarzneikunde. Kein Wunder, dass sich viele naturwissenschaftlich auf vielen Feldern ausgebildete Ärzte in Deutschland und England mit einer durch Wissenschaft gesteuerten Landwirtschaft beschäftigten, was Thaer ausdrücklich hervorhebt. Er selbst war ja Arzt, und er bestellte sein Feld.

Bisher war außer Auszügen aus den ersten Bänden der *Annals of Agriculture* nichts übersetzt worden. Inzwischen waren 150 Bände mit Zustands- und Erfahrungsberichten aus allen Teilen des Landes erschienen, die Thaer im britisch regierten Kurfürstentum Hannover einsehen konnte. Englische Fachbegriffe mit ihren regionalen Varianten zu übersetzen war nicht einfach. Thaer hat sich die Mühe gemacht und die Annalen im Original gelesen. Er selbst war nie in England, um sich ein Bild vor Ort zu machen. Er las die Annalen mit den betrüblichen Bildern der westfälischen Landwirtschaft vor Augen und seinen inzwischen gereiften Erfahrungen aus seinen eigenen Versuchsfeldern bei Celle im Kopf.

Da er aus Westfalen wusste, wie gesellschaftliche Abhängigkeiten und eingefahrene rechtliche und gewohnheitsmäßige Regeln als Blockade für Neuerungen wirken, stellte er für England gleich eingangs diese für den Erfolg eines rationalen Ackerbaus entscheidende Frage: Was steuert das Verhalten der Farmer in Großbritannien? Dort ist es der Großgrundbesitz mit seinen Pächtern. Auch unter diesen Bedingungen sind Neuerungen nur schwer durchzusetzen, weil die Pächter darauf achten, dass der Besitzer wegen steigender Erträge nicht auf die Idee kommt, die Pacht zu erhöhen. Normalerweise sind jedoch alle Beteiligten zufrieden und haben ihr standesgemäßes Auskommen. Oft werden die Pachthöfe vom Pächter an seine Nachkommen vererbt, und der Besitzer lässt es zu. Manchmal sind die Kontrakte so alt, dass sie nicht mehr mit dem Zustand des Bodens und der Wirtschaftsart übereinstimmen. Bei „Verpachtungen auf bestimmte Zeit", die in den landwirtschaftlich besseren Regionen („die Landwirthschaft höher getrieben wird") überwiegen, gibt es, anders als in Westfalen, keine Innovationsblockade, weil die Kontrakte besser abgefasst und strenger gehandhabt werden.[97] Kleine Bauern (Yeomen) verkaufen nicht selten ihren Besitz an größere Grundbesitzer, um mit dem Geld mehr Flächen pachten zu können. In einigen Regionen gibt es deshalb fast nur noch Farmer (Pächter) und Landarbeiter (Cottagers).

Die Frage der richtigen Hofgröße für ein rationales Wirtschaften hat Thaers Zeitgenossen in England und Deutschland intensiv beschäftigt. Große Pächter sind reiche Pächter. Sie verdingen nicht unverheiratete Knechte und Mägde, sondern verheiratete Taglöhner mit ordentlichem Auskommen. Die Bevölkerung nimmt zu. In England gelten als Treiber des Fortschritts die „Gentlemen-Farmers" mit ansehnlichem Vermögen. Sie betreiben Landwirtschaft zum Teil nur aus Neigung und deshalb „mit großer Anstrengung und Vorschüssen",[98] machen neue Erfindungen zuerst und kommunizieren sie, geben ein Beispiel, setzen Prämien für die besten Arbeiter aus und sprechen mit den Pächtern über das Gedeihen von Ochsen und Schweinen.

Thaer sieht daher Arthur Young als großes Vorbild. Young hatte in seinem *A Course of experimental Agriculture* von 1770 von 2000 Versuchen berichtet, die er innerhalb von fünf Jahren auf einer Farm mit 300 acres (ca. 120 ha) gemacht hatte, und sich in seinen Reisebeschreibungen einen Überblick über den Stand der Landwirtschaft in England verschafft. In der Folge waren englische wissenschaftliche Zeitschriften und Societäten entstanden, die sich ausschließlich mit Landwirtschaft beschäftigten. An den Veröffentlichungen des *Board of Agriculture* hat Thaer am meisten beeindruckt, wie sie zustande kamen. Die immer mit Namen und Ort gezeichneten Beiträge wurden in den betreffenden Regionen und an Interessierte herumgeschickt, deren Bemerkungen erneut veröffentlicht und so eine offene Debatte eingeleitet. Vielleicht, so räsoniert er, kann dieses Vorgehen als Muster für alle Erfahrungswissenschaften dienen.

Im Kapitel über Dünger wird Thaer schmerzlich bewusst, dass eine Theorie über seine Wirkung fehlt. „Gesammelte richtige Erfahrungen und genau angestellete Versuche sind zwar das eigentliche Mittel, diese Lehre zu vervollkommnen. Um indessen diese Erfahrungen und Versuche in eine solche Ordnung zu bringen, daß eine allgemeine Übersicht möglich werde, und um die Lücken zu entdecken, welche noch mehrererer Nachforschung zu ihrer Ausübung bedürfen, ist eine möglichst richtige Theorie unumgänglich erforderlich". Was eine richtige Theorie ist, sei schwer zu bestimmen. „Eine absolute Richtigkeit und Wahrheit einer Theorie ist vielleicht in keiner Erfahrungswissenschaft möglich, wenigstens nie erweislich. So lange sich aber alle Erscheinungen in ihr auflösen und systematisch aneinander ketten lassen, hat sie *relative* Wahrheit für uns, und erfüllet unsern Zweck, Einheit in die Mannigfaltigkeit unserer Erfahrungen zu bringen".[99]

Damit hat er im Prinzip vollkommen recht. Eine Erfahrungswissenschaft muss der täglichen Praxis einen Leitfaden an die Hand geben und in einem wohl definierten Rahmen das Gefühl der Sicherheit vermitteln, richtig zu handeln.[100] Ob sich in ihr alle Erscheinungen auflösen lassen, ist allerdings fraglich. Das würde eine sehr entwickelte Wissenschaft voraussetzen, die zur Zeit Thaers noch in weiter Ferne lag, und es würde bedeuten, dass völlige Klarheit darüber besteht, welche Erscheinungen in diesen Rahmen aufgenommen werden müssen. Je entwickelter eine Wissenschaft, desto mehr Elemente bilden diese Kette und desto feingliedriger wird sie werden. Es geht um eine relative Wahrheit auf Zeit mit immer unbestimmtem Verfallsdatum. Für die Düngerpraxis schien die Humustheorie von Hassenfratz nicht viel herzugeben. Jedenfalls hat Thaer sie in seinem Theoriediskurs nicht als taugliche Theorie mit relativer Wahrheit für die Düngerpraxis erwähnt.

Für den denkenden Landwirt bedeutet rationale Landwirtschaft, sich ständig neuen Erkenntnissen anpassen zu müssen und vor allem genügend Flexibilität aufzubringen, diese Erkenntnisse durch seine Praxis wirksam werden zu lassen. Die Blockade bei ihm wird dann weniger in der Ablehnung der neuen Erkenntnisse, als in den Schwierigkeiten ihrer Umsetzung in die Praxis zu suchen sein. Und da wirken Kräfte, die mit

Wissenschaft nichts mehr zu tun haben. Sie betreffen die Kalkulation der Kosten für Veränderungen, sie betreffen persönliche Verhältnisse, die Bereitstellung von ausgebildeten Arbeitskräften, gesetzliche Rahmenbedingungen und Vieles mehr. Kurz, sie betreffen seine Existenz. Er kann diese Existenz auch gefährden, wenn er sich den Neuerungen verschließt und einfach so weitermacht wie bisher. Es ist eine knifflige Entscheidung. Am Beispiel der Düngung und der Brache war zu sehen, dass Existenz gefährdende Misserfolge unvermeidlich wurden, wenn nicht angemessen auf Veränderungen der natürlichen Bedingungen reagiert wurde. Das kann den an der Tradition klebenden Bauern genauso treffen wie den einsichtsvollen, aber zögerlich handelnden.

Bauern, über die Thaer sich richtiggehend ereifern konnte, gehörten zu den traditionell wirtschaftenden. Sie waren schon an ihren verschwommenen Begriffen auszumachen, mit denen sie ihre Praxis reflektierten. Jeder Landwirt theoretisiere über den Dünger, sagt Thaer. Der gemeine Bauer nenne ihn in einigen Gegenden den zweiten Herrgott, eine zwar „in sich richtige Theorie“, die aber nur mit einem so gewaltigen Sprung zum Urquell aller Kraft übergehe, dass sie unbrauchbar werde. Der aufgeklärte Landwirt spreche von Ölen und Salzen des Düngers, obwohl es erwiesen sei, dass im tierischen Dünger weder Öl noch Fett und nur ganz wenig Salze enthalten sind. „Theorien sind also einer jeder Kunst, sobald sie eine wissenschaftliche Form annimmt, überhaupt unentbehrlich. Noch wichtiger aber ist es, eine eingewurzelte, aber erwiesen falsche, oft zu fehlerhaften Verrichtungen verleitende Theorie durch eine richtigere zu verdrängen“.[101] Interessant: Thaer spricht von verdrängen und nicht von ersetzen, weil er sich bewusst ist, wie schwierig ein solches Unterfangen ist, und dass es Zeit braucht. Er geht deshalb äußerst behutsam mit den Landwirten um, denen er einige chemische Erkenntnisse beibringen muss, von denen er weiß, dass sie davon in der Regel nichts verstehen und nur unter großen Anstrengungen ein Verständnis entwickeln können. Er hofft, dass sich mit dem neuen antiphlogistischen System von Lavoisier, das eine klare Sprache spricht, das Erlernen der Chemie in allen Künsten und Gewerken verbreitet.

Thaer möchte „denkende Landwirte“. Aber wie ist sein Ziel zu erreichen? Auf welche Erfahrungen stützt sich das Denken der Bauern? Mit welchen Erfahrungen war die Praxis so weit fortgeschritten, dass sie als Grundlage für wissenschaftlich gesteuertes Handeln dienen konnte? Was hatte ein Bauer Thaer anzubieten? Ein Bauer blieb in seiner unreflektierten Alltagspraxis doch selbst dann gefangen, wenn sie ihn wie bei der Dreifelderwirtschaft direkt ins Verderben führte. Seine aus traditionellen Mustern bestehende Erfahrung wirkte wie ein Korsett, das die Atmung behindert. Sie zwang ihn zu ewig gleichen, fast schon ritualisierten Handlungen. Sie machte sein Denken und Verhalten starr und prägte seinen Charakter. Die Methoden der Bewirtschaftung waren von Gestern, sie klebten am Ort, kontrollierte Nachbarn und verabscheute diejenigen, die vom Gewohnten abwichen. Flexiblere Geister wurden bestenfalls gemieden, schlimmstenfalls ausgestoßen. Tradition funktionierte nach dem Muster „das haben wir schon immer so gemacht". Daran wurde festgehalten, auch wenn die äußeren Bedingungen sich radikal verändert hatten und die Kartoffel den Hunger besser als mickriges Getreide bekämpfte. Diese Erfahrungen taugten nicht als Basis für eine Verbindung zur Wissenschaft. Sie lebten durch Stillstand, sie starben nicht, wenn der Bauer starb. Thaer musste erst noch dafür sorgen, dass Bauern durch Veränderungen positive Erfahrungen machen konnten.

Ebenso schädlich wie das Festhalten an Traditionen waren nach Auffassung Thaers diejenigen, die mit abstrahierenden Theoremen jede sinnliche Erfahrung des Ackerbaus verbannten und ihre „genialen Steckenpferde" aus der neuesten Philosophie ritten. Dazu zählt Thaer anscheinend Ingenhousz. Er hatte fundamental Neues entdeckt, das nicht sofort in die Praxis der Bauern zu integrieren war, und Thaer hat ihm vorgeworfen, in die falsche Richtung zu laufen. Schlimmer: er hat den Umgang der Bauern mit dem Mist, den er eigentlich als von Vorgestern gegeißelt hat, gegen eine neue Erkenntnis aus der Wissenschaft ins Feld geführt. Eine Erfahrungswissenschaft braucht jedoch Flexibilität in der Praxis und Flexibilität in der Wissenschaft. Denn auch dort gibt es Blockaden, gibt es ein stures Festhalten an alten oder opportunistischen neuen Theorien, mit der sie die Praxis in eine Sackgasse führen können. Die Aufnahme neuer Aspekte, die den eingeschliffenen Rahmen der Wissenschaft sprengen und ihn auf ein neues Fundament stellen, kann blockiert werden. Danach wäre die Mineraltheorie Sprengels eine Bereicherung der Erfahrungswissenschaft, die sofort in die Praxis Eingang finden könnte, während die Fotosynthese von Ingenhousz nur den Startschuss für ein tieferes Verständnis der Pflanzenernährung abgeben würde, deren praktische Auswirkungen erst in der Zukunft spürbar werden.

So gesehen wäre nach Thaer eine Grundlagenforschung, der ein Bezug zur Praxis nicht sofort anzusehen ist, nicht Bestandteil einer Erfahrungswissenschaft, ein Muster ohne Wert im Tagesgeschäft. Thaer musste zuerst „den Ackerbau der blinden Routine, den alles Gute unterdrückenden Vorurtheilen entreissen".[102] Dazu brauche der Bauer „positive Vorschriften und Rezepte", also einfach zu verstehende Handlungsanleitungen. Die aber könnten nur lokal sein und für „wohlgeprüfte Verhältnisse passend", andernorts seien sie schädlich.[103] Deshalb sei seine Meinung über „die Unnützlichkeit solcher Bücher in Bezug auf ihn selbst" wohl begründet, sagt sein Biograf Körte. Der Bauer könne nur durch spezielle mündliche Belehrung und Beispiel gefördert werden. Wenigstens die Hälfte der Bevölkerung um 1800 waren Analphabeten. Thaer schrieb aber nur für theoretisch bildbare Landwirte. Er war der Meinung, dass der gewöhnliche Bauer meistens sogar die populärwissenschaftlichen Schriften missversteht und die neuen Ideen nicht ordnen kann.

Da die physiologischen Vorgänge beim Pflanzenwuchs in keiner Weise geklärt waren und die Bauern an einer Praxis festhielten, die schon sicher als schädlich für den Boden und den Ertrag erkannt worden war, war das Vorgehen Thaers mit Feldversuchen zur Demonstration und seinen Versuchen, Elementarchemie zu vermitteln, der einzige Erfolg versprechende Weg. Es blieb ihm gar nichts anderes übrig, als sich zunächst mit den ganz fundamentalen Defiziten zu befassen. Denn sein Ziel war nicht Erkenntnis, sondern Ertragssteigerung, die Kenntnis von Zusammenhängen nur ein Mittel dazu. Er beschäftigte sich mit allem, was zur Ertragssteigerung beitragen konnte: mit der vorteilhaften Betriebsgröße, mit Buchführung, Arbeits- und Kapitalkosten, mit Wegeverhältnissen und Ackergeräten, mit Boden und Dünger. Der bäuerliche Betrieb als Wirtschaftseinheit mit Standortfaktoren, denen der Bauer Rechnung zu tragen hat, will er nicht auf der Strecke bleiben. Der Boden und der ihm angemessene Düngereinsatz bestimmten über den Ernteertrag, der nicht unerhebliche Rest über Kapital- und Arbeitseinsatz. Der heutige Bauer als Unternehmer weiß davon ein Lied zu singen, wenn er glaubt, sich gegen langfristig vernünftige, aber seiner Meinung nach existenzgefährdende Eingriffe in sein Wirtschaften wehren zu müssen.

Thaer hat mit seinen Vorschlägen nicht überall Neuland betreten. Seine Propagierung der Fruchtfolge statt Brache waren den Hausvätern längst bekannt, seine Lobpreisung des organischen Düngers und der Kalkung ebenso wie die Praxis, verarmte Böden mit Mergel wieder fruchtbar zu machen. Es war in Regionen wie Westfalen eher eine nachholende Bewegung, die er mit einer Aufforderung zu größerer Exaktheit der Verfahren angestoßen hat. Neu für Deutschland war der Versuch einer engen Verzahnung von Wissenschaft und Praxis, für die er als Vorbild England genommen hat. Sein Vorgehen, am besten als „best practice“ zu bezeichnen, war eine Aufforderung zum Experimentieren, zum Anlegen von Versuchsfeldern und zur chemischen Analyse von Boden und Dünger. Zahlreiche Inspektionsreisen innerhalb und außerhalb Deutschlands sollten nicht nur den teilweise desolaten Zustand des Ackerbaus beschreiben, sondern auch den Horizont erweitern und an hervorragenden Beispielen Anregungen zu Veränderungen anstoßen. Bis zu einer Erfahrungswissenschaft, die diesen Namen verdient, war es noch weit. Der erste, der sie verwirklicht hat, war Carl Sprengel eine Generation nach Thaer.

Im Unterschied zu Thaer finden wir bei ihm das chemische Handwerkszeug, das aus der Landwirtschaft eine Erfahrungswissenschaft macht: standardisierte chemische Analyseverfahren, die es erlauben, schon vor den Freilandversuchen ein zu erwartendes Ergebnis zu formulieren und den Erfolg daran zu messen; zwar noch rudimentäre, aber von ihrer Anlage her zukunftsweisende Kenntnisse der Pflanzenphysiologie; einen Vergleich von lokalen Anbaumethoden mit Erfahrungen anderer Regionen nach chemischen Kriterien; eine scharfe Trennung von Werkelei und zielgerichtetem Vorgehen. Sprengel spekulierte nicht mehr, er analysierte bestehende Vorurteile einfach weg. Seine Mineralstofftheorie, sein Gesetz vom Minimum, wie es später genannt wurde, waren ein Ergebnis dieses hartnäckigen Festhaltens an der Chemie als Basis eines rationalen Ackerbaus. Als Mann der Praxis war er in der Lage, Wissenschaft und Feldarbeit zusammen zu denken, wie er es von Thaer schon als ganz junger Mann gelernt hatte.

Wissenschaftlich und in der Bewertung einer interessierten Öffentlichkeit hat sich viel zu lange eine Grauzone zwischen Ingenhousz und Liebig gehalten. Das lag vor allem an wissenschaftlichen Schwergewichten, deren Expertise von zahlreichen anderen nachgeplappert wurde. Sie verlief fast immer nach dem gleichen Muster. Man erwähnte Ingenhousz quasi beiläufig, um sich dann Hassenfratz anzuhängen, so als ob die Entdeckung der Fotosynthese keinerlei Wert für die landwirtschaftliche

Praxis hat. Ihre grundsätzliche Akzeptanz für weitere Forschungen hätte die einengende Konzentration auf den Kohlenstoff im Dünger verhindern und viel früher den Blick auf andere essentiellen Bestandteile lenken können. Erste Ansätze dazu finden sich bei Ingenhousz, der in seinem zweiten Werk über die Ernährung der Pflanzen auf erweiterte Möglichkeiten der Düngung aufmerksam gemacht hat.

Zu den wissenschaftlichen Schwergewichten, die Ingenhousz widerlegen wollten oder ihn negierten zählten der Arzt, Naturwissenschaftler und Großvater von Charles Darwin, Erasmus Darwin (1731–1802), und der Chemiker Humphry Davy (1778–1829).

Es könnte doch sein, sagt *Erasmus Darwin* nach Präsentation der Ergebnisse von Priestley und Ingenhousz in seiner „Phytologia" von 1800, dass die Produktion von „vital air", also Sauerstoff, einfach der Wirkung des Sonnenlichts auf das Wasser zuzuschreiben sei, in das die Pflanzen bei den Versuchen eingetaucht waren.[104] Die kleinen Blasen, die man an Blätterrändern beobachten kann, wenn sie in Wasser getaucht werden und wie Quecksilber aussehen, würden dann nur zeigen, dass die Blätter den aus der Zersetzung des Wassers stammenden Sauerstoff zur leichteren Befreiung aus dem Wasser einfangen. Anders ausgedrückt: Die Blätter sammelten nur ein, was aus dem Wasser stammt, und sind eben nicht die Produzenten des Sauerstoffs, als die sie Ingenhousz beobachtet hat. Darwin treibt die phantasievolle Erklärung noch weiter. Diese Blasen könnten wegen ihrer runden Form wie eine Sammellinse wirken, sich stärker als ihre Umgebung aufheizen und nach oben steigen. Auch für andere Luftbestandteile wählt er den Umweg über das Wasser. Übrig bleibt ein Gasaustausch zwischen Wasser und Luft. Darwin hat keinerlei Versuche unternommen, um seine spekulierte Theorie zu beweisen, hat aber die Experimente von Ingenhousz mit ihr kleingeredet.

Humphry Davy hat von 1803 bis 1813 Vorlesungen über Agrikulturchemie gehalten, für deren deutsche Ausgabe Albrecht Thaer ein Vorwort geschrieben hat.[105] Darin äußert Thaer die Sorge, „daß dem Landwirthe manches klarer und er nicht verwirret und verleitet werde durch einseitige Ansicht". Es war die Sorge des Praktikers, der den Landwirten noch nicht allzu viel zumuten wollte. Für naturwissenschaftlich Interessierte enthalte das Werk viel Stoff „zum entfernteren Nachdenken". Allerdings. Es ist so vollgestopft mit Einzeluntersuchungen über die chemische Zusammensetzung von Pflanzen, dass ich mir eine Präsentation als Vorlesung selbst vor interessierten großen Landbesitzern und Mitgliedern des *Board of Agriculture* und der *Royal Society* nur schwer vorstellen kann. Davy war ein Sammler von Daten, die für Landwirte in ihrer unübersichtlichen Fülle noch unverdaulich waren. Hinweise auf Ingenhousz fehlen. Von der Funktion der Blätter sagt er nur pauschal, sie dienten zur Absorption der Bestandteile der Luft.

Der Rostocker Professor *Heinrich Friedrich Link* (1767–1851) hat sich nach der Lektüre von Nicolas Théodore de Saussure, *Recherches chimiques sur la végétation* von 1804, der das Ergebnis von Ingenhousz bestätigt hatte, und nach der Wiederholung von Saussures Experimenten entschuldigt: „Ich erwähnte derselben nur kalt, da ich die Versuche nicht selbst wiederholt hatte. Jetzt ist dies geschehen und ich muss dem trefflichen Beobachter Gerechtigkeit wiederfahren lassen".[106] Mir ist sonst niemand bekannt, der seine Meinung zugunsten von Ingenhousz geändert hat, und ich kenne keinen außer Saussure, der die Versuche von Ingenhousz wiederholte, um sich mit den Ergebnissen gegen Hassenfratz zu wappnen.

Abbildung 17: Nicolas Théodore de Saussure. Wikimedia commons.

Der Genfer Naturforscher *Nicolas Théodore de Saussure* (1767–1845) hat viele der frühen Pflanzenphysiologen beeinflusst, da er erstmals mit methodischer Strenge versucht hat, alle bei der Pflanzenernährung grundlegend Beteiligte, Wasser, Luft und Humus, auch für die Landwirtschaft in einer Gesamtschau zu bewerten. „Meine Untersuchungen führen mich darauf, zu zeigen, wie das Wasser und die Luft mehr zur Bildung der troknen Substanz der Pflanzen beytragen, die auf einem fruchtbaren Boden wachsen, als die Materie der Dammerde selbst, welche sie, im Wasser aufgelöst, mittels ihrer Wurzeln einsaugen".[107] Dammerde ist Humus. Saussure hatte also vor, zu bestimmen, ob Humus oder atmosphärische Luft stärker am Wachstum beteiligt sind. Er meinte, mit seinem Eudiometer auf Basis von Schwefelleber und Phosphor genauer gemessen zu haben als Priestley und Ingenhousz mit einem Eudiometer auf Basis von Salpeter. Schwefelleber nannte man ein Gemisch von verschiedenen Kalium-Schwefelverbindungen, das aus dem Schmelzen von Schwefel mit Pottasche (Kaliumkarbonat) unter Luftabschluss entsteht und den Glasbrennern schon seit Jahrhunderten bekannt war. Mit Wachstumsversuchen vor allem mit Erbsen in einem Glasballon, bei denen er die Zusammensetzung der Luft variierte, indem er sie nur im Wasser oder auch mit Humus mit oder ohne den Zusatz von Kohlensäure bindendem Kalk wachsen ließ, konnte er beweisen, dass ohne Kohlensäure ein Wachstum unmöglich ist. Die Pflanzen starben nach wenigen Tagen ab.

Mit weiteren Versuchen wollte er herausfinden, wie viel des von den Pflanzen „ausgehauchten Sauerstoffs“ in die Produktion von Kohlensäure eingeht, oder im Umkehrschluss, wie viel davon in der Pflanze während des Wachstums zurückbleibt, also absorbiert wird.[108] Saussure konnte die Absorption von Kohlensäure bei verschiedenen Pflanzen von der Wasserminze bis zur Fichte nachweisen. Er hat die Versuche von Hassenfratz wiederholt, mit denen Hassenfratz beweisen wollte, dass die Volumenzunahme von Pflanzen, die im Wasser wachsen, ausschließlich durch Wasser erfolgt.[109] Sie waren falsch, auch Hassenfratz' Spekulation, dass es bei der Zerlegung der Kohlensäure auf den Wärmestoff statt, wie von Ingenhousz gezeigt, auf den Einfluss des Lichts ankomme, wollte Saussure nicht bestätigen. Die damals häufig geäußerte Vermutung, dass die Pflanzen den Sauerstoff, den sie aushauchen, aus der Zerlegung des Wassers hernehmen, war mit den zur Verfügung stehenden Mitteln kaum beweiskräftig zu klären. Saussure vermutete nach einigen Versuchen, dass Pflanzen das Wasser zersetzen und sich seinen Wasserstoff und Sauerstoff aneignen, so dass beide ihren flüssigen Zustand verlieren. Sie verbleiben in der Pflanze, bis sie stirbt, und geben sie erst durch Gärung wieder an die Atmosphäre zurück. Das war eine etwas zu sehr verkürzte Darstellung des pflanzlichen Stoffwechsels, in dem einmal mehr das Wasser in seine Bestandteile zerlegt wird. Bei Saussure hat die Zerlegung des Wassers allerdings nicht wie bei Hassenfratz zur Ablehnung der Fotosynthese geführt (Abbildung 18).

Saussures Fazit ist eindeutig, und es ist eine Bestätigung von Ingenhousz: „Allein in keinem einzigen Falle zerlegen die Pflanzen das Wasser auf

Abbildung 18: Der Kupferstich zeigt die Versuchsanordnungen, mit denen Saussure die Entwicklung der Gase beim Pflanzenwachstum untersucht hat. Er hat leider die einzelnen Figuren weder im Text noch in einer speziellen Beschreibung zugeordnet. Verschiedene Pflanzen wachsen in luftabgeschlossenen Tuben, in Fig. 1 haben die Wurzeln keinen Kontakt zum Wasser, in Fig. 3 sind die Wurzeln unter Luftabschluss im Wasser, die Blätter wachsen außerhalb. In Fig. 4 sind die Wurzeln unter Luftabschluss, die Pflanze wächst krumm aus dem Wasserbehälter. In Fig. 5 stirbt eine Pflanze ohne Wasser. In Fig. 6 bis 8 sind an Zweigen und Ästen Messgeräte befestigt, an einem Ast ein großer Glasballon zum Einfangen von Sauerstoff bzw. Kohlendioxid. Mit diesen Versuchen bestätigte er die Ergebnisse von Ingenhousz und wies nach, dass der ausgeatmete Sauerstoff nicht aus der Zerlegung des Wassers stammt, was Hassenfratz behauptet hatte. Bei Saussure verbleiben Wasserstoff und Sauerstoff aus der Zerlegung des Wassers als Nahrung in den Pflanzen (Theodor von Saussure's Chemische Untersuchungen über die Vegetation. Leipzig 1805).

direkte Weise, indem sie sich den Wasserstoff aneignen, und den Sauerstoff im Gaszustande ausstossen; sie hauchen das Sauerstoffgas blos durch unmittelbare Zerlegung der Kohlensäure aus".[110] Der Jakobiner Hassenfratz, der kaum ein naturwissenschaftliches Thema ausgelassen und rund 100 Beiträge, exzessiv vor allem in den von ihm mitgegründeten *Annales de Chimie* veröffentlicht hat, war 1804 zur Zeit des Erscheinens von Saussures Pflanzenchemie ein von Studenten und Naturwissenschaftlern wie *François Arago* wegen unzulänglicher mathematischer Kenntnisse bespöttelter Lehrer für Physik an der *École Polytechnique* und hielt es nicht für opportun, sich zu Saussures Breitseite gegen seine Versuche zu äußern.[111]

Saussures Pflanzenchemie galt unter Wissenschaftlern als bahnbrechend, seine Methodik als vorbildhaft. Man sollte meinen, dass sie in Thaers *Annalen des Ackerbaus* und in denen des *Board of Agriculture* diskutiert wurde, dass sie Widerspruch erfährt von seinen Gegnern, die die Humustheorie vertraten. Aber nichts dergleichen. Saussure wurde wie Ingenhousz selbst von den experimentierenden Praktikern der Landwirtschaft totgeschwiegen, von Leuten, die ihr Verhalten an den neuesten Erkenntnissen der Naturwissenschaften ausrichten wollten. Saussure hatte den Grundsatzstreit zwischen Hassenfratz und Ingenhousz schon 1804 zugunsten von Ingenhousz entschieden, er hatte Hassenfratz fehlerhafte Experimente nachgewiesen und für Pflanzenasche und Humus detaillierte Analysehinweise gegeben. Seine Chemie der Vegetation hatte die Qualität eines Handbuches für praktische Versuche mit Pflanzen, Boden und Dünger. Es vereinte eine Grundlagenforschung über das Pflanzenwachstum mit einer praktischen Anleitung zur analytischen Chemie. Es fand kaum Eingang in die Köpfe, die der Landwirtschaft mit Wissenschaft auf die Sprünge helfen wollten.

Mineralien blieben nichts als Reizmittel, Kohlenstoff wurde immer noch durch die Wurzeln eingesogen und durch die Blätter der Sauerstoff des zerlegten Wassers abgeatmet. Dazu gesellten sich in Deutschland von Philosophen in die Welt gesetzte schillernde Lebens-, Bildungs- und Zeugungskräfte, die der chemischen Analyse die Schärfe raubten und vorhandene Defizite der Naturerklärung mit ihrer religiös gefärbten Phraseologie zukleisterten. Auch Thaer hatte die Pflanzenphysiologie unter die „Herrschaft der Lebenskraft“ gestellt, unter der sie nicht mehr „den chemischen Gesetzen der Wahlverwandtschaft oder Wahlanziehung“ gehorchen. Das betraf die einfachen Grundstoffe der Pflanzen, also in den Worten Thaers die teils flüchtigen Kohlenstoff, Wasserstoff, Sauerstoff und Stickstoff und die teils festen und oder feuerbeständigen Erden wie Alkali, phosophorsaure Grundlage und ein wenig Eisen. Die Grundsätze der Chemie und Physik gelten nur für die „todte Chemie“, für die lebendige der Pflanzen gelten sie nicht. Dort herrscht die Lebenskraft, von der in wenigen Jahrzehnten durch die Fortschritte der Biochemie nichts mehr übrig bleiben wird.[112]

Sprengel hat sehr viel zur Aufhebung der Grenze zwischen Chemie und Biochemie beigetragen. Für ihn galten die Gesetze der Chemie und Physik nicht nur für die tote Materie, sondern auch für die lebendigen Vorgänge beim Pflanzenwachstum. Eine Lebenskraft oder gar ihre Herrschaft über tierisches und pflanzliches Leben lehnte er rundweg als Spekulation ab. Um den Dünger richtig beurteilen zu können, brauche es Kenntnisse über den neuesten Stand von Chemie,, Botanik, Physik, Mineralogie, Pflanzenanatomie- und Physiologie, Kenntnisse, die die Praxis nicht nur das eine- oder andere Mal bereichern, sondern sie durchdringen und sie beherrschen müssen. Auch Sprengel hatte einen schweren Stand.

Das sagt etwas über den unreifen Zustand der Wissenschaft vom Ackerbau aus, die sich immer noch von einem wissenschaftlichen Glauben an die Humustheorie und undefinierten Lebenskräften leiten ließ und nicht von einer reifer gewordenen Chemie, die erste Schritte in Richtung einer organischen Chemie unternommen hatte. Heinrich Einhof gehörte dazu, der als junger Mitarbeiter Thaers in Möglin seine Entdeckung von Eiweißkörpern im Getreide, in der Kartoffel und im Samen von Hülsenfrüchtlern in engem Kontakt mit der landwirtschaftlichen Praxis gemacht hatte. Zur Zeit Sprengels war es der Lehrer an der Gewerbeschule von Kassel, Friedrich Wöhler (1800–1882), der 1828 Harnstoff aus Ammoniumcyanat synthetisierte. Schon 1824 war ihm die Synthese der vor allem im Sauerklee vorkommenden Oxalsäure aus anorganischen Grundstoffen gelungen. Eine Lebenskraft für biochemische Vorgänge war eigentlich nicht mehr erforderlich. Sie gehorchten den allgemeinen Gesetzen der Chemie. Aber wie alle auf Spekulation und Glauben beruhenden Vorstellungen hielt sie sich trotz gegenteiliger Beweise noch hartnäckig bis über die Mitte des Jahrhunderts hinaus.

Als Erfahrungswissenschaft hatte die Landwirtschaft zur Zeit Thaers noch eine starke Schlagseite hin zur Erfahrung, und die Wissenschaft war eher eine Bündelung und Sichtung von Erfahrung als eine Ausrichtung dieser Erfahrung an der Wissenschaft. Es war eine Empirie, die Beobachtungen von Praktikern sammelte und sie von Praktikern mit ungenügender wissenschaftlicher Expertise nach fragwürdigen Kriterien der Humustheorie einordnete. Ihre punktuellen Erfolge verdankte sie nicht der Humustheorie, sondern einzelnen chemischen Analysen von Boden und Dünger, die keine systematischen, sondern begrenzte Zusammenhänge aufdeckten. Sie reichten zur Analyse des Kalkgehalts von Mergel und versagten beim Verständnis der Rolle von Luft und Wasser für die Ernährung der Pflanzen. Der kalkreiche Mergel brachte sofortigen Erfolg, die wissenschaftliche Fehleinschätzung des Kohlenstoffs im

Wasser noch keinen Misserfolg, gemessen an den geringen Erwartungen der Landwirte. Das Wirtschaften mit der Humustheorie im Kopf hatte solange keine spürbaren Auswirkungen auf den Ertrag, bis beeindruckende Ertragssteigerungen mit Mineralstoffdüngern der Humustheorie die angeblich so erfolgreiche praktische Grundlage genommen haben.

In der Geschichte der Wissenschaften gilt die Humustheorie als Betriebsunfall zwischen Ingenhousz und Liebig, den man zwar erwähnt, aber in seinen retardierenden Auswirkungen auf die Entwicklung von rationalen Anbaumethoden unterschätzt. Ein halbes Jahrhundert dominierte sie die Köpfe der landwirtschaftlichen Reformer, und nicht nur in Deutschland. Dass der „Extraktivstoff" des Humus ein hervorragender Dünger war, wurde von allen akzeptiert. Das war aber nicht der Kern der Humustheorie. Sie behauptete, dass der Kohlenstoff der Pflanzen aus der Erde, fein verteilt in Wasser, von den Wurzeln eingesogen und, wenn überhaupt, nur unwesentlich von den Blättern durch Fotosynthese aus der Atmosphäre assimiliert wird. Weder Saussure noch Sprengel konnten mit ihren durchdachten Experimenten der Humustheorie den Todesstoß versetzen. Mit ihrer geklärten Zuordnung des Kohlenstoffs zu Luft und Boden hatten sie den Blick für weitere für das Pflanzenwachstum unabdingbaren Nährstoffe eröffnet. Ihre Ergebnisse wurden lange ignoriert, so dass zum Beispiel Liebig noch 1840 behaupten konnte, Pflanzen würden Stickstoff aus der Luft aufnehmen, obwohl Saussure bereits 1804 das Gegenteil bewiesen hatte. Die Humustheorie war kein Betriebsunfall, sondern Ausdruck einer prinzipiellen Schwäche. Sie blieb so lange stark, wie diese grundlegende Schwäche im Verständnis der Ernährung der Pflanzen und die Voraussetzungen für ihr Wachstum nicht geklärt waren. Sie passte in ihre Zeit und sie war Ausdruck dieser Zeit eines spekulativen Naturverständnisses mit ihrem Raunen von verborgenen Kräften, die das Leben von Tier- und Pflanzenwelt steuern.

Die Pflanzenphysiologie blieb in der ersten Jahrhunderthälfte auch ein Stiefkind der botanischen Forschung. Botaniker waren vor allem Sammler exotischer Pflanzen aus aller Welt, sie ordneten eine kaum beherrschbare Vielfalt, aber sie drangen erst allmählich mit verbesserten Mikroskopen in die Organe des pflanzlichen Stoffwechsels ein. Die Funktion der Spaltorgane der Blätter, die den Rhythmus von Sauerstoffabgabe und Kohlendioxidassimilation steuerten, wurde erst 1843 von Jean-Baptiste Boussingault (1801–1887) genauer beschrieben. Boussingault betrieb seit 1836 in Pechelbronn im Elsaß eine Versuchsfarm mit chemischem Labor und fand nach dem Anbau von Hülsenfrüchten (Leguminosen) vermehrt Stickstoff im Boden, der für seine erhöhte Fruchtbarkeit verantwortlich zu machen war.[113] Bei Getreide war das nicht der Fall. Ihm musste Stickstoff als Gülle oder Mist zugeführt werden.

Vitalistische Erklärungsmuster reichten einer ganzen Botanikergeneration zur Beschreibung sehr komplexer Naturvorgänge. Damit gaben sich die Agrarwissenschaftler mit ganz wenigen Ausnahmen wie Boussingault und Sprengel zufrieden. Die wissenschaftliche Seite der Erfahrungswissenschaft war unter der vorherrschenden Humustheorie mit ihrer Fixierung auf den Kohlenstoff fehlgesteuert. Erfahrene Praktiker brauchten diese Theorie nicht, um weiter machen zu können wie bisher. Die Wissenschaftler gebrauchten sie, um den Bauern zu sagen, wie sehr sie grundsätzlich im Recht mit ihrer traditionellen Praxis der Düngung waren. Kleine Änderungen erfolgten durch Feldversuche mit begrenzter Fragestellung zur Behandlung des Mistes und der Böden. Sie versprachen Ertragssteigerungen mit einigen wenigen Kenntnissen der analytischen Chemie. Ein tieferes Verständnis des Pflanzenwachstums und der chemischen Vorgänge im Boden gehörte nicht dazu.

Landwirtschaft ist ein komplexes Gewerbe, dessen Komplexität dann am besten sichtbar wird, wenn wie von Thaer Änderungen eingefordert werden. Dann wird zum Beispiel sichtbar, dass ein Aufgeben der Brache nicht nur an mangelndem Wissen, sondern auch an Besitzverhältnissen, an Gesetzen und an ungeschrieben Zwängen von Tradition und Gewohnheitsrecht scheitert. Oder dass beim Übergang von der alten zu einer neuen Bewirtschaftung für einige Jahre das bäuerliche Einkommen wegzubrechen droht und daher alles bei der althergebrachten Wirtschaftsweise bleibt. Da mag die Wissenschaft noch so glänzende Argumente ins Feld führen. Wenn sich eine Ablösung vom gewohnten Ackerbau nicht sofort in Ertragssteigerungen niederschlägt, wird sie zur Selbstbehauptung in einem prekären Umfeld unterlassen. Je komplexer das Gefüge und je ausgedehnter die zu berücksichtigen Faktoren, desto ängstlicher das Festhalten an einer Praxis, die man kennt, die den Unterhalt mehr schlecht als recht sichert und die einen nicht auf unbekanntem Terrain scheitern lässt. Thaer hat deshalb seine Vorschläge auch wirtschaftlich durchgerechnet, er kannte den Kapitalbedarf für notwendige Investitionen und den Gebrauchswert von Ackergeräten. Vor allem wusste er, wie der Bauer „tickt“ und was ihm in seinem von den Jahreszeiten geprägten Arbeitsrhythmus zugemutet werden kann. Kann sich ein Bauer, eingezwängt zwischen Fron und Markt, mit Chemie beschäftigen? Kann ein Kurzzeitpächter für eine langfristige Verbesserung des Bodens gewonnen werden? Kann von einem Bauern trotz desolater Wegeverhältnisse verlangt werden, sich aus einer weit entfernten Mergelgrube zu versorgen? Und kann er den Boden durch häufiges Eggen locker halten, wenn sein ausgemergeltes Zugvieh schon einmaliges Eggen nicht mehr schafft?

Am Beginn einer Landwirtschaft als Erfahrungswissenschaft standen solche Überlegungen im Vordergrund, und es war Thaer klar geworden, dass er sehr weit ausholen musste, um Änderungen herbeizuführen – mit Landwirtschaftsschulen. Die zukünftigen Verwalter großer Betriebe oder ihre Erben sollten auf den neuesten Stand gebracht werden. Eine Revolution von oben, die nach untern durchsickert. Große Betriebe mit interessierten Eignern waren der Schlüssel zum Erfolg. Das hat ihm England mit seinem *Board of Agriculture* vorgemacht, in dem ausschließlich sehr große Grundbesitzer vertreten waren, die die Mittel und die Macht hatten, auf ihren Ländereien allerhand auszuprobieren, und die Investitionen schultern konnten. Den Kleinen fehlte Grundsätzliches: Die Freiheit des Eigentums an ihrem Hof, die Freiheit der Arbeit und die Befreiung von den Zwängen einer Tradition gemeinschaftlich genutzten Bodens. Mit ihnen war kein fortschrittlicher Hof zu machen.

Groß oder klein? Schwerz war sogar so weit gegangen, kleine Betriebe nur als eine Selbstversorgung für Arbeiter im Umkreis von Städten als sinnvoll anzusehen. Schwerz und Thaer haben so die Möglichkeit für eine rationale Landwirtschaft eng an Betriebe gebunden, die aufgrund ihrer Größe die materiellen und menschlichen Ressourcen für eine Änderung der Anbaumethoden mobilisieren konnten. In seiner Euphorie über landwirtschaftliche Erfolge in Großbritannien waren Thaer ihre hässlichen Begleiterscheinung bei einer Vergrößerung der Betriebe entgangen. Eine Betriebsvergrößerung wurde regelmäßig damit begründet, die Voraussetzungen für eine Intensivierung und Ertragssteigerung schaffen zu müssen, und endete allzu oft, vor allem in Schottland, in einer erbarmungslosen Vertreibung von Kleinbauern zugunsten einer Ausdehnung der Schafzucht, als sich der Preis für Wolle während der napoleonischen Kriege verdoppelte. Einige, wie der Duke of Sutherland, hatten einfach ihre Not leidenden Bauern durch Schafe ersetzt. Übrig blieben nicht die versprochenen entwickelten Ländereien, sondern Wüstungen ohne Menschen. Nach dem Ende des durch die napoleonischen Kriege ausgelösten Wollbooms in den 1820er Jahren gelang es Großgrundbesitzern mit menschenunwürdigem Gebaren kaum noch, Bauern für eine erneute Ansiedlung zu gewinnen. Ein großer Grundbesitz war also nicht ein Selbstläufer zu einer produktiven Landwirtschaft, wie von Thaer und Schwerz erträumt. Hunderttausende Hektar Land konnten mitsamt seinen Bewohnern der Habgier seines Besitzers zum Opfer fallen, die nicht wieder gut zu machende Schäden anrichtete.

Die Frage einer angemessenen Hofgröße spielt immer eine Rolle, wenn sich der Bauer am Markt behaupten soll. Es ist also kein Wunder, dass sie bei der Ablösung der Feudalwirtschaft als ein dringendes Problem erkannt und erst einmal zugunsten des Großbesitzes entschieden wurde. Eine nach wissenschaftlichen Kriterien betriebene Landwirtschaft war selbst bei bestem Willen nicht von heute auf morgen mit den mangelhaften Kenntnissen der Bauern und ihrem unzulänglichen Arbeitsgerät umzusetzen. Änderungen kosteten Geld, auch die auf den ersten Blick immateriellen Voraussetzungen wie naturwissenschaftliche Kenntnisse bedeuteten mehrjährige Investitionen in die Ausbildung. Bodenverbesserungen hingen von regional verfügbaren Mergel und Sand und ihren Transportbedingungen ab, Pflüge und Eggen mussten ausgetauscht, Ställe und Scheunen für die vorteilhafte Stallfütterung vergrößert und mehr Zugvieh unterhalten werden. Selbst wenn die großen, meist adligen Grundbesitzer die Fron abschafften, bedeutete das für die Bauern noch nicht zwangsläufig einen Bruch mit Jahrhunderte alten Gewohnheiten.

Viel hing von den Qualitäten der Betriebsleiter in den Großbetrieben ab, von ihrer Menschenführung und ihrer wirtschaftlichen Weitsicht im Blick auf einen Markt, dessen Regeln man noch nicht beherrschte. Schwerz und Sprengel konnten vielfältige Erfahrungen aus der Leitung großer Betriebe vorweisen, sie kannten die Schwierigkeiten alltäglicher Entscheidungen, die ein sehr viel höheres Maß an Flexibilität verlangten als der abgabengesteuerte Trott feudaler Rentenbetriebe. Ein kleiner, in feudalen Verhältnissen erzogener Bauer als Alleinunterhalter und Einzelkämpfer in einem schwierigen Umfeld war für sie kaum vorstellbar. Mehr als Krummlegen konnte er sich nicht. Arbeitskräfte, Expertise und Mittel für eine Umgestaltung seiner Wirtschaftsweise hatte er nicht.

Unter diesen Bedingungen musste die wissenschaftliche Seite der Veranstaltung zwangsläufig in den Hintergrund geraten. Ein Bauer hatte ja nicht wie die landwirtschaftlichen Versuchs- und Lehranstalten in Möglin (Thaer) und Hohenheim (Schwerz) ein chemisches Labor mit ausgebildeten Fachleuten, die den Einsatz von Dünger entsprechend den Bodenverhältnissen und die Aussaat von Getreide und Viehfutter zeitnah begleiten konnten. Ein Bauer konnte sich vielleicht noch an Thaers Empfehlung einer einfachen Bestimmung von Kalk im Mergel halten, aber viel mehr war nicht drin. Das könnte einer der Gründe für die viele Jahrzehnte gültige Humustheorie gewesen sein. Theorien, egal welche Art, hatten für Bauern keine Relevanz. Sie brauchten, wie Thaer ernüchtert feststellte, klare, einfache Regeln für ihren Acker, mündlich übermittelt und an positiven Beispielen überzeugend propagiert. Die beste Werbung war eine prompte Ertragssteigerung, und die allerbeste eine, die trotz Steigerung den Arbeitseinsatz minderte. Ob der Kohlenstoff der Pflanze aus dem Boden oder aus der Luft stammte, konnte dem Bauern egal sein. Mit seinem Mangel an Kenntnissen der Chemie war er noch weniger als die Wissenschaftler in der Lage, eine Entscheidung zu treffen.

Die Getreideproduktion in Deutschland hat sich von 1850 bis 1913 fast verdreifacht, der Ertrag pro Hektar fast verdoppelt. Heute liegt der Ertrag pro Hektar je nach Getreideart rund fünf- bis siebenmal höher als 1800. Zähen Fortschritten in der ersten Hälfte des 19. Jahrhunderts folgten sprunghafte Verbesserungen seit seiner Mitte, als Mineralstoffdüngung zur Regel wurde. Die Bemühungen Thaers, aus der Landwirtschaft eine Erfahrungswissenschaft zu machen, haben die Ernährungsgrundlage einer wachsenden Bevölkerung gesichert, weil wenigstens die freien Bauern nach Ausbildung und Schulung mitziehen konnten und sich Botanik und Chemie zu ernst zu nehmenden Akteuren für die Praxis des Ackerbaus entwickelt hatten.

Anmerkungen

1 Johann Nepomuk von Schwerz, Beschreibung der Landwirthaft in Westfalen und Rheinpreußen mit einem Anhang über den Weinbau in Rheinpreußen. Stuttgart 1836.
2 Schwerz, a.a.O., S. 14 f.
3 Schwerz, a.a.O., S. 16.
4 Schwerz, a.a.O., S. 16.
5 Brief von Marx an Engels 25. März 1868. Quelle: *MECW*, Volume 42, p. 557; Zuerst veröffentlicht in: *Der Briefwechsel zwischen F. Engels und K. Marx,* Bd. 4, Stuttgart, 1913.
6 Schwerz, a.a.O., S. 23.
7 Albrecht Thaer, Einleitung zur Kenntniß der englischen Landwirthschaft in Rücksicht auf Vervollkommnung deutscher Landwirthschaft für denkende Landwirthe und Cameralisten. 2. verbesserte Auflage. Hannover 1801, S. 65.
8 Thaer, a.a.O., S. 68.
9 200 Jahre Agrarordnungsverwaltung in Nordrhein-Westfalen: Von der „Gemeinheitsteilung“ zur modernen ländlichen Entwicklung. Bezirksregierung Münster 2023.
10 Schwerz, a.a.O., S. 12.
11 Schwerz, a.a.O., S. 21.
12 Ludwig Heinrich Schelver, Das Kurfürstenthum Hannover unter den Franzosen in den Jahren 1803, 1804, 1805 und dessen fernere Schicksale. Nebst einer genauen Karakteristik des Französischen Militärs. Von einem Augenzeugen. Ohne Druckort 1806, S. 17.
13 Engelbert Freiherr von Kerckerinck (Hg.).Westfälischer Bauernverein, Beiträge zur Geschichte des westfälischen Bauernstandes. Berlin 1912. S. 87f.
14 Franz Mauelshagen, Geschichte des Klimas. München. 2023, S. 76.
15 D. Johann Ingenhouß, Versuche mit Pflanzen, wodurch entdeckt worden, daß sie die Kraft besitzen, die atmosphärische Luft beim Sonnenschein zu reinigen, und im Schatten und des Nachts über zu verderben. Nebst einer neuen Methode die Reinigkeit der Atmosphäre genau abzumessen. Leipzig 1780.
16 Aus Leibniz Online Nr. 49, 2023:
Sauerstoff: Spiritus nitro-aereus (John Mayow), Feuerluft, Salpeterluft, air purissima, principium salinum (Carl Wilhelm Scheele 1772), dephlogisticated air (Joseph Priestley 1774), oxygène (Antoine Lavoisier 1780)

Kohlendioxid: Luftsäure, sogenannte fixe Luft (Scheele 1772), fixed air (Joseph Black)
Stickstoff: Verdorbene Luft (Scheele 1771), phlogisticated air (Priestley 1775), azote (Lavoisier 1789)
Wasserstoff: inflammable air (Henry Cavendish 1766)
Stickoxid (NO): nitrous air (Priestley 1771), Salpeterluft (siehe Sauerstoff)

17 Ingenhousz, Versuche, a.a.O., S. 4.
18 Ingenhousz, Versuche, a.a.O., S. 14.
19 Ingenhousz, Versuche, a.a.O., S. 39.
20 Ingenhousz, Versuche, a.a.O., S. 42.
21 Ingenhousz, Versuche, a.a.O., S. 44.
22 Ingenhousz, Versuche, a.a.O., S. 51.
23 Ingenhousz, Versuche, a.a.O., S. 64.
24 Ingenhousz, Versuche, a.a.O., S. 71.
25 Ingenhousz, Versuche, a.a.O., S. 75.
26 Ingenhousz, Versuche, a.a.O., S. 79.
27 Ingenhousz, Versuche, a.a.O., S. 159.
28 Detlev Möller, Geschichte der atmosphärischen Chemie des Sauerstoffs. PDF.
29 Ingenhousz, Versuche, a.a.O., S. 110.
30 Ingenhousz, Versuche, a.a.O., S. 89.
31 Ingenhousz, Versuche, a.a.O., S. 134.
32 Ingenhousz, Versuche, a.a.O., S. 143.
33 Ingenhousz, Versuche, a.a.O., S. 164.
34 Ingenhousz, Versuche, a.a.O., S. 85.
35 John Ingen-Housz, An Essay on the Food of Plants and the Renovation of the Soils. Additional appendix of the outlines of the fifteenth chapter of the proposed general report from the Board of Agriculture. London 1796. Deutsch: J. Ingenhousz, Über Ernährung der Pflanzen und Fruchtbarkeit des Bodens. Nebst einer Einleitung über einige Gegenstände der Pflanzenphysiologie von F. A. von Humboldt. Leipzig 1798.
36 Rev. John Sinclair, Memoirs of the life and works of the late Knight Honorable Sir John Sinclair, Bart. Edinburg, London 1837, Vol. 1, S. 347f.
37 Sinclair, Memoirs, a.a.O., Vol. 2, S. 45f.
38 Sinclair, Memoirs, a.a.O., Vol. 1, S. 231f. Frank A. J. L. James, „Agricultural Chymistry is at present at it's infancy“: The Board of Agriculture, the Royal Institution and Humphry Davy. PDF online
39 Jaime Wisniak, Jean Henri Hassenfratz. Revista CENIC Ciencias Quimicas, Vol. 43, 2012.
40 Julius Wiesner, Jan Ingen-Housz, Sein Leben und sein Wirken als Naturforscher und Arzt. Wien 1905, S. 46f.

41 John Ingen-Housz, An Essay on the Food of Plants and the Renovation of the Soils. Additional appendix of the outlines of the fifteenth chapter of the proposed general report from the Board of Agriculture. London 1796. Deutsch: J. Ingenhousz, Über Ernährung der Pflanzen und Fruchtbarkeit des Bodens. Nebst einer Einleitung über einige Gegenstände der Pflanzenphysiologie von F. A. von Humboldt. Leipzig 1798), S. 68 f.

42 J. H. Hassenfratz, Sur la nutrition des végétaux, Première mémoire. Annales de chimie ou recueil de mémoires concernant la chimie et les arts qui en dependent. Tome treizième. Avril 1792, S. 178-191 / Deuxième mémoire, a. a. O., S. 318-329 / Troisième mémoire., a. a. O. Tome quartorzième. Juillet 1792, S. 55-64. Übersetzung H. V.

43 Antoine Laurent de Lavoisier, Traité élémentaire de chimie, présenté dans un ordre nouveau et d'après les découvertes modernes. Seconde Édition, Tome Premier, Paris 1793, S. 4. Übersetzung H. V.

44 Lavoisier, a. a. O. Tome Premier, S. 19.

45 Hassenfratz, a. a. O., 3, S. 62 f.:
„Comme les expériences de M. Ingen-Housz prouvent que lorsqu'il se dégage de l'acide carbonique, il ne se dégage point d'oxigène, il doit arriver deux choses: 1°. qu'une cause, la formation de l'acide carbonique par le carbone déposé & l'oxigène de l'atmosphère pénétré dans la plante, produit de la chaleur; & une cause, l'épavoration de l'eau, produit de froid: dans ce cas il y aura certainement chaleur produite; 2°. que deux causes, la décomposition d'une portion d'eau & l'évaporation d'une autre portion, produisent du froid; & deux autres causes, la formation de l'acide carbonique par une portion de l'oxigène de l'atmosphère & de l'oxigène tout entier dégagé de la décomposition de l'eau, & la combinaison du carbone, de l'hygrogène & d'autres parties constituantes des plantes, produisent de la chaleur: dans ce second cas la quantité de calorique dégagé doit être plus grande de celle de calorique absorbé, & les plantes doivent produire de la chaleur."

46 Saussure NT, Essai sur Cette Question: La Formation de l'Acide Carbonique est-elle Essentielle à la Végétation? Ann Chim. 1797; 24, 135-149, 227, 228 / Jaime Wisniak, Jean Henri Hassenfratz. Revista CENIC Ciencias Quimicas, Vol. 43, 2012.

47 Hassenfratz, a. a. O. 3, S. 61.

48 Hassenfratz, a. a. O., 3, S. 64.

49 Ingenhousz, Ernährung, a. a. O., S. 114.

50 Harald Haarmann, Geschichte der Sintflut, München 2023, S. 176 f.

51 Ingenhousz, Ernährung, a. a. O., S. 48.

52 Ingenhousz, Ernährung, a. a. O., S. 49.

53 Ingenhousz, Ernährung, a. a. O., S. 60.

54 Ingenhousz, Ernährung, a. a. O., S. 130 f.

55 Ingenhousz, Ernährung, a. a. O., S. 157
56 Albrecht Thaer, Einleitung zur Kenntniß der englischen Landwirthschaft in Rücksicht auf Vervollkommnung deutscher Landwirthschaft für denkende Landwirthe und Cameralisten. 2. verbesserte Auflage. Hannover 1801. Die erste Auflage war 1798 erschienen, aber bereits 1795 geschrieben worden.
57 Thaer, a. a. O., S. 151 f.
58 Thaer, a. a. O., S. 147.
59 Thaer, a. a. O., S. 135.
60 Thaer, a. a. O., S. 189.
61 Thaer a. a. O., S. 202.
62 Thaer, a. a. O., S. 203.
63 Thaer, a. a. O., S. 206 f.
64 Ulrich Gisi, Bodenökologie. Stuttgart, New York 1990, S. 179 f.
65 Thaer, a. a. O., S. 85 f.
66 Thaer, a. a. O., S. 97 f.
67 Thaer, a. a. O., S. 122 f.
68 Volker Klemm, Von der Königlichen Akademie des Landbaus in Möglin zur Landwirtschaftlich – Gärtnerischen Fakultät der Humboldt – Universität zu Berlin. Berlin 1998, S. 18 f.
69 Vorgelesen in der Versammlung zu Freienwalde am 24ten Junius 1812 von Thaer. Thaers Schriftwechsel. Fördergesellschaft Albrecht Daniel Thaer: Vorlesung vor der landwirtschaftlichen Gesellschaft in Freienwalde. Quelle: Geheimes Staatsarchiv Preußischer Kulturbesitz (GStA PK) I.HA Rep. 87 B Nr. 12125, Bl. 96 r – 103 r.
70 Annalen des Ackerbaus. Hg. von Albrecht Thaer Bd. 8, Berlin 1808, S. 297: Fragmente aus Einhofs Mögelinschen Vorlesungen
71 Annalen des Ackerbaus, a. a. O., 8, S. 299
72 Annalen des Ackerbaus, a. a. O., 8, S. 302 f.
73 Alexander von Humboldt, Aphorismen aus der chemischen Physiologie der Pflanzen. Leipzig 1794, S. 107 f.
74 S. Kostychew, Pflanzenatmung. Monographien aus dem Gesamtgebiet der Physiologie der Pflanzen und der Tiere, Band 8. Erste Ausgabe. Berlin 1924, S. 186
75 Klaus Dieter Schwenke, Heinrich Einhof – ein Wegbereiter der landwirtschaftlichen Chemie. Mitteilungen der Gesellschaft Deutscher Chemiker / Fachgruppe Geschichte der Chemie. Bd. 16, 2002.
76 Biographische Angaben aus: Günter Wendt, Carl Sprengel und die von ihm geschaffene Mineraltheorie als Fundament der neuen Pflanzenernährungslehre. Wolfenbüttel 1950 und vereinzelt Wikipedia.
77 Carl Sprengel, Die Lehre vom Dünger oder Beschreibung aller bei der Landwirthschaft gebräuchlicher vegetabilischer, animalischer und mine-

ralischer Düngermaterialien nebst Erklärung ihrer Wirkungsart. Leipzig 1839.

78 Sprengel, a.a.O., S. 14.

79 Carl Sprengel, Von den Substanzen der Ackerkrume. In Erdmanns Journal Band III, 1828, S. 93. Zitiert nach Wendt, a.a.O., S. 129.

80 Carl Sprengel, Chemie für Landwirthe, Forstmänner und Cameralisten. Göttingen 1831, S. 197. Zitiert nach Wendt, a.a.O., S. 135.

81 Ulrich Gisi, Bodenökologie. Stuttgart, New York 1990, S. 234 f.

82 Ulrich Gisi, a.a.O., S. 242 f.

83 Wilhelm Körte, Albrecht Thaer, Sein Leben und Wirken als Arzt und Landwirth. Leipzig 1838, S. 101.

84 Körte, a.a.O., S. 86.

85 Körte, a.a.O., S. 101 f.

86 Georg Acricola, Vom Berg- und Hüttenwesen. München 1994. Vorwort. Erstausgabe lateinisch: De re metallica 1556.

87 Helmut Veil, Totenkopf und Schwefelblüte. Die Spur der Schwefelsäure in der Chemie des Handwerks 1500 bis 1800. Frankfurt am Main 2016, S. 129 f.

88 Thaer, a.a.O., S. 35.

89 Haushofer, Heinz, „Coler, Johann" in: Neue Deutsche Biographie 3, 1957. S. 319. Online-Version.

90 Körte,, a.a.O., S. 104.

91 Körte, a.a.O., S. 105.

92 Körte, a.a.O., S. 136 f.

93 Thaer, a.a.O., S. 7.

94 Thaer, a.a.O., S. 9.

95 Thaer, a.a.O., S. 8.

96 Thaer, a.a.O., S. 10.

97 Thaer, a.a.O., S. 25.

98 Thaer, a.a.O., S. 33.

99 Thaer, a.a.O., S. 136.

100 Helmut Veil, Praktiker neuzeitlicher Wissenschaften im Mittelalter. Frankfurt am Main 2015, S. 104.

101 Thaer, a.a.O., S. 137.

102 Körte, a. a.O., S. 98.

103 Körte, a.a.O., S. 124 f.

104 Erasmus Darwin, Phytologia or the Philosophy of Agriculture and Gardening. With the Theory of Draining Morasses. Gewidmet John Sinclair. Dublin 1800, S. 273.

105 Humphry Davy, Elements of *agricultural chemistry*, in a course of *lectures* for the Board of Agriculture. London 1813. Deutsch: Elemente der Agrikultur-Chemie in einer Reihe von Vorlesungen gehalten vor der

Gesellschaft zur Beförderung des Ackerbaus von Sir Humphry Davy. Berlin 1814.

106 Heinrich Friedrich Link, Nachträge zu den Grundlehren der Anatomie und Physiologie der Pflanzen. Göttingen 1809, S. 61 f.

107 Nicolas Theodor de Saussure, Chemische Untersuchungen über die Vegetation. Leipzig 1805. Vorbericht S. X. Recherches chimiques sur la végétation. Paris 1804.

108 Saussure, a.a.O., S. 37.

109 Saussure, a.a.O.,S. 45.

110 Saussure, a.a.O., S. 217.

111 Jaime Wisniak. Jean Henri Hassenfratz. Revista CENIC Ciencias Quimicas, Vol. 43, 2012.

112 Thaer, a.a.O., S. 139 f.

113 Jean-Baptiste Boussingault, *Économie rurale* considérée dans ses rapports avec la chimie, la physique et la météorologie. Paris 1843/44.

Der Autor

Helmut Veil, geb. 1943, war Allgemeinarzt in Frankfurt am Main und beschäftigt sich seit Jahrzehnten mit der Geschichte der Naturwissenschaften. Er untersucht die kulturellen und ideellen Voraussetzungen epochaler Gärungsprozesse der Naturerkenntnis, in denen sich festgefügte Erklärungsmuster zersetzen und neue noch nicht etabliert haben.

Bisher erschienen

Mensch und Wurm. Ärzte als wissenschaftliche Zoologen und rassistische Anthropologen um 1848 · 2023 · ISBN 978-3-941743-32-8 · Broschur · 104 Seiten · 22 Abbildungen, davon sieben farbig · 16,80 Euro · E-Book (PDF) 12,00 Euro

Wasserrad, Dampfmaschine, Holzkohle, Koks und Eisen. Eine Studie zur Energiewende im 18. Jahrhundert · 2022 · ISBN 978-3-941743-90-8 · Broschur · 108 Seiten · 28 Abbildungen, davon sieben farbig · 16,80 Euro · E-Book (PDF) 12,00 Euro

Künstler, Kriege und Kanonen. Eine kulturhistorische Analyse von Dürers „Landschaft mit Kanone" · 2021 · ISBN 978-3-941743-89-2 · 50 Seiten · PDF · Open Access

Der Wald und seine Plünderer. Forstwissenschaften und Klimaturbulenzen im 19. Jahrhundert · 2020 · ISBN 978-3-941743-87-8 · Broschur · 212 Seiten · 136 Abbildungen, davon 64 farbig · 32,00 Euro · E-Book (PDF) 20,00 Euro

Cholera. Ein Debakel der Wissenschaft und Politik im 19. Jahrhundert · 2019 · ISBN 978-3-941743-81-6 · Broschur · 120 Seiten · 20 Abbildungen, davon drei farbig · 18,00 Euro · E-Book (PDF) 12,00 Euro

Elektrisches Feuer 1746. Ein bizarrer Streit um Wissenschaft und Öffentlichkeit in Leipzig · 2019 · ISBN 978-3-941743-77-9 · Broschur · 136 Seiten · 14 Abbildungen, davon acht farbig · 18,00 Euro · E-Book (PDF) 13,00 Euro

Eis und Feuer. Geologie wird Wissenschaft inmitten der Kriege Napoleons · 2017 · ISBN 978-3-941743-73-1 · Broschur · 168 Seiten · 34 Abbildungen, davon acht farbig · 24,80 Euro · E-Book (PDF) 16,80 Euro

Totenkopf und Schwefelblüte. Die Spur der Schwefelsäure in der Chemie des Handwerks 1500 bis 1800 · 2016 · ISBN 978-3-941743-63-2 · Broschur · 136 Seiten, 34 Abbildungen, davon 16 farbig · 24,80 Euro · E-Book (PDF) 16,80 Euro

Praktiker neuzeitlicher Wissenschaften im Mittelalter. Navigatoren, Rechenmeister, Ärzte, Falkner, Künstler · 2015 · ISBN 978-3-941743-51-9 · Broschur · 132 Seiten, 37 Abbildungen · 24,80 Euro · E-Book (PDF) 16,80 Euro

Aeronautiker zwischen Ballon und Vogelflug. Szenen aus der Kulturgeschichte des Fliegens · 2014 · ISBN 978-3-941743-41-0 · Hardcover · 156 Seiten · 43 Abbildungen · 24,80 Euro · E-Book (PDF) 16,80 Euro

Mitten im Umsturz Europas. Der Geologe und Revolutionär Faujas de Saint-Fond (1741 bis 1819) · 2012 · ISBN 978-3-941743-27-4 · Broschur · 244 Seiten · 25 Abbildungen · 24,80 Euro · E-Book (PDF) 16,80 Euro

Geistesblitz und kühne Vermutung. Eine historische Studie zur Spekulation in den Naturwissenschaften – Ptolemäus, Cusanus, Fracastorius, Stahl, Yukawa · 2010 · ISBN 978-3-941743-08-3 · Broschur · 120 Seiten, 18 Abbildungen · 19,80 Euro · E-Book (PDF) 13,80 Euro

Von der Meteorologie der Sphären zum irdischen Vakuum. Wissenschaft und Religion im Barock. Ein intellektuelles Milieu – wiederbelebt aus Erasmus Franciscis Diskurs über die Luft · 2009 · ISBN 978-3-934157-99-6 · Hardcover · 384 Seiten · 51 Abbildungen · 42,00 Euro · E-Book (PDF) 28,80 Euro